THE
EVOLUTION
OF PHYSICS

物理学的进化

[美]阿尔伯特·爱因斯坦
[波]利奥波德·英费尔德　著
涂　泓　译
冯承天　译校

中国教育出版传媒集团
高等教育出版社·北京

图书在版编目（CIP）数据

物理学的进化 / （美）阿尔伯特·爱因斯坦，（波）利奥波德·英费尔德著；涂泓译；冯承天译校 . -- 北京：高等教育出版社，2023. 6

书名原文：The Evolution of Physics

ISBN 978-7-04-059769-1

Ⅰ . ①物… Ⅱ . ①阿… ②利… ③涂… ④冯… Ⅲ . ①物理学史—世界 Ⅳ . ① O4-091

中国国家版本馆 CIP 数据核字（2023）第 010039 号

WULIXUE DE JINHUA

策划编辑	李　鹏	责任编辑　李　鹏	封面设计　王　鹏		版式设计　王艳红
责任绘图	于　博	责任校对　张　薇	责任印制　赵义民		

出版发行	高等教育出版社	网　　址	http://www.hep.edu.cn	
社　　址	北京市西城区德外大街4号		http://www.hep.com.cn	
邮政编码	100120	网上订购	http://www.hepmall.com.cn	
印　　刷	北京盛通印刷股份有限公司		http://www.hepmall.com	
开　　本	850mm×1168mm　1/32		http://www.hepmall.cn	
印　　张	10.625			
字　　数	170 千字	版　　次	2023 年 6 月第 1 版	
购书热线	010-58581118	印　　次	2023 年 6 月第 1 次印刷	
咨询电话	400-810-0598	定　　价	49.00 元	

本书如有缺页、倒页、脱页等质量问题，请到所购图书销售部门联系调换

版权所有　侵权必究

物 料 号　59769-00

阿尔伯特·爱因斯坦
(Albert Einstein)
(1879—1955)

THE EVOLUTION OF PHYSICS

BY

ALBERT EINSTEIN

&

LEOPOLD INFELD

THE SCIENTIFIC BOOK CLUB
111 CHARING CROSS ROAD
LONDON, W.C. 2

英文原版封面

前言

　　在你开始阅读本书之前，你理应期待我们解答一些简单的问题。我们是为了什么目的而撰写这本书的？预期的读者又是哪些人？

　　一开始就要清楚又令人信服地回答这些问题是很难做到的。如果把这放在书的结尾处去做，那会容易得多，不过也就颇为多余了。我们发现比较简单的做法是，说明本书不打算成为什么样子。我们所写的不是一本物理教科书。这里并没有关于基础物理事实和理论的系统课程。更确切地说，我们的意图是要大致勾勒出人类思维设法在思想世界和现象世界之间找到一种联系的努力。我们试图展示的是一些积极的力量，它们促使科学创造出了符合我们的世界现实的那些构想。但我们的表述必须简单。在通过事实和概念的迷宫时，我们不得不选择一条在我们看来最有特点、最有意义的大道。这条道路所不能达到的那些事实和理论都必须被忽略。为了我们的总体目标，我们不得不对事实和构想作出明确的选择。

一个问题的重要性不应该根据它所占的篇幅来判断。有一些本质的思路被略去了，这并不是因为它们在我们看来不重要，而是因为它们不在我们所选定的道路上。

在我们撰写本书的期间，对于我们理想化的读者的种种特点，我们进行了长时间的讨论，并且为他操了不少心。我们让他具有许多长处，以此弥补他对物理和数学具体知识的一无所知。我们发现他对物理思想和哲学思想很感兴趣，而且我们不得不敬佩他奋力阅读那些不那么有趣的、比较困难的段落时所表现出来的耐心。他意识到，为了理解任何一页，他必须仔细阅读前面的几页。他知道，一本科学书籍，即使很通俗，也不能像看一本小说那样阅读。

这本书是我们和你之间的一场简单朴实的交谈。你可能觉得它乏味，也可能觉得它有趣，可能觉得它沉闷，也可能觉得它令人兴奋，但如果这些书页能让你对富有创造性的人类思维为了更充分地理解支配物理现象的那些定律所做的永恒斗争有所了解，那么我们的目标就实现了。

阿尔伯特·爱因斯坦（Albert Einstein）

利奥波德·英费尔德（Leopold Infeld）

　　　　　　　　　　　　　　物理学的进化

致谢

我们要感谢所有热心帮助我们编写和出版此书的人，特别是：

感谢新泽西州普林斯顿的 A. G. 申斯通（A. G. Shenstone）教授和波兰利沃夫的圣洛里亚（St Loria）提供整页插图 III 上的照片。

感谢 I. N. 斯坦伯格（I. N. Steinberg）的插画。

感谢 M. 菲利普斯（M. Phillips）博士阅读手稿以及她非常友好的帮助。

阿尔伯特·爱因斯坦（Albert Einstein）

利奥波德·英费尔德（Leopold Infeld）

目录

1. 机械观的兴起

伟大的悬案故事

我们设想存在着一个完美的悬案故事。这样一个故事提供了所有必不可少的线索，并促使我们对此案件形成自己的理论。如果我们仔细地关注情节，那么当作者在书的结尾处正要披露答案之前，我们自己已经得出了案件的完整解答。与那些低级的推理小说相反，这个解答本身没有让我们失望；更重要的是，正在我们期待的那一刻，它出现了。

世世代代的科学家们不断地在为自然之书中的种种奥秘寻求解答，我们能不能把这部完美推理书的读者比作科学家？这种比拟是不正确的，以后将不得不放弃，但其中有一点点合理之处，可以加以扩展和修改，使之更适合于解决宇宙之谜的科学努力。

这个伟大的悬案故事仍未破解。我们甚至不能确定它是否会有一个最终解答。阅读书籍本身已经为我们提供很多东西。它使我们认识到了关于自然的语言的各种基本知识；它使我们能够理解许多线索，并且在常常很痛苦的科学进步过程中，它已经成为快乐和兴奋的源泉。不过，我们意识到，尽管我们已经阅读和理解了这么多册书籍，但是如果真有这样一个完整的解答存在的话，我们距离它仍然很遥远。在每一个阶段，我们都试图找到与已经发现的那些线索相一致的解释。暂时得到接受的那些理论已经解释了许多事实，但还没有形成一种与所有已知线索都一致的普适解答。一种看似完美的理论，在进一步阅读时，常常会被证明是不充分的。会有各种新的事实出现，它们要么与这种理论相矛盾，要么无法用这种理论来解释。我们读得越多，就越完全地意识到这本书的完美构思，尽管随着我们的进步，一个完整的解答却似乎在向后退却。

自从柯南·道尔[1]写出了那些令人钦佩的故事以来，几乎每一部侦探小说中都有这样一个时间段：调查者收集到了他所需要的所有事实，至少是对于解决他的问题的某个阶段而言是这样。这些事实常常显得很奇怪、不连贯，而且完全各不相干。不过，这位伟大的侦探意识到，此刻就不需要进一步的调查了，只要有纯粹的思考

---

[1]柯南·道尔（Conan Doyle, 1859—1930），英国侦探小说家、剧作家，代表作是《福尔摩斯探案集》（*Adventure of Sherlock Holmes*）。——译注

就能将收集到的事实关联起来。于是他拉着小提琴，或者懒洋洋地躺在扶手椅上抽着烟斗，突然间，天哪，他想到了！他不仅对手头的线索有了一个解释，还知道一定发生了某些其他事件。既然他现在确切地知道到哪里去寻找它们，如果他愿意的话就可以出去，收集进一步的证据来证实他的理论。

如果允许我们重复这句陈词滥调的话，那么这位阅读自然之书的科学家就必须为自己去找解答，因为他不能像其他故事的那些迫不及待的读者常常做的那样，直接翻到书的结尾。在我们的情况下，读者也是调查者，试图至少部分地解释各事件与其丰富背景之间的关系。为了获得一个哪怕是不完整的解答，科学家必须收集可以得到的种种无条理的事实，并通过创造性思维使这些事实变得连贯和可理解。

在接下去的内容中，我们的目的是要概括地描述物理学家的工作，这些工作是与调查者的纯粹思考相对应的。我们将主要关注思想和观念在探索物质世界知识的过程中所发挥的作用。

第一条线索
阅读这个重大悬案故事的尝试，与人类思想本身一样古老。不过，科学家们仅仅在三百多年前才开始理解这个故事的语言。那是伽利略[1]和牛顿[2]的时代，自那时起，阅读进展得快了。调查研究的技术，即发现和追踪线索的系统方法，已经发展起来了。一些自然之谜已经被解开，尽管许多解答在进一步的研究过程中会被证明是暂时的和表面上的。

有一个很基本的问题，数千年来由于其复杂性而完全被搞混了，那就是关于运动的问题。我们在自然界中观察到的所有这些运动——一块石头抛向空中，一艘船在海上航行，一辆手推车在街上推行——实际上都是非常复杂的。为了理解这些现象，明智的做法是从最简单的那些可能情况开始，然后逐步深入到更为复杂的情况。考虑一个完全不运动的静止物体。要改变这样一个物体的位置，就必须对它施加一些影响，推它或举起它，或者让比如说马或蒸汽机这样的其他物体对它作用。我们的直觉是，运动与像推、举或拉这样的行动过程有关。反复的经验会使我们进一步冒险提出，如果我们想让物体

---

[1]伽利略（Galileo Galilei, 1564—1642），意大利数学家、物理学家、天文学家、哲学家。他在科学方面为人类作出了巨大贡献，是近代实验科学的奠基人之一。——译注

[2]艾萨克·牛顿（Isaac Newton, 1643—1727），英国物理学家、数学家、天文学家、自然哲学家，在以上各方面都作出了重大贡献。——译注

运动得更快，就必须推得更加剧烈。似乎可以很自然地得出这样的结论：施加在一个物体上的作用越强，这个物体的速率就会越大。四匹马拉的马车比只有两匹马拉的马车跑得快。因此，直觉告诉我们，速率在本质上是与作用相关的。

侦探小说的读者所熟知的一个事实是，一条错误的线索会使故事变得混乱，推迟解答的出现。由直觉所支配的推理方法是错误的，从而导致持续了数个世纪的那些错误的运动观念。亚里士多德[1]在整个欧洲所具有的巨大影响力也许是人们长期相信这种直觉观念的主要原因。在我们两千年来一直认为是他撰写的《力学》(*Mechanics*)一书中，可以读到这样一句话：

> 当推动物体前进的力不再起推动它的作用时，这个运动的物体就会停止运动。

伽利略所发现和运用的科学推理，是人类思想史上最为重要的成就之一，标志着物理学的真正开始。这个

---

[1]亚里士多德（Aristotle，前384—前322），古希腊哲学家，他几乎对每个学科都作出了贡献，包括物理学、形而上学、诗歌、音乐、生物学、经济学、动物学、逻辑学、政治，等等。他与他的老师柏拉图（Plato，前427—前347）及柏拉图的老师苏格拉底（Socrates，前470或469—前399）并称为希腊三哲人。——译注

发现使我们认识到，基于直接观察的直觉结论并不总是可信的，因为它们有时会导致一些错误的线索。

但是直觉在哪里出错了呢？如果说一辆四匹马拉的马车必定比一辆仅由两匹马拉的马车走得快，这可能会有错误吗？

让我们更仔细地审视运动的一些基本事实，从一些简单日常体验开始，那是人类自文明之初就熟悉的、在为生存而进行艰苦斗争的过程中所感受到的。

假设有人推着一辆手推车沿着平直的道路前进，他突然停止推。这辆手推车会继续向前运动一段很短的距离之后才停下来。我们的问题是：如何才能增大这段距离？有各种各样的方法，比如给车轮加油，把道路修整得非常平滑。车轮转动得越顺畅，道路越平滑，推车前进的距离就会越长。而给车轮加油和使道路平滑的作用究竟是什么？它们的作用只是：将外部的影响变小。被称为摩擦的那个影响被减弱，这指的是车轮中的摩擦，以及车轮与道路之间的摩擦。这已经是对可观测到的证据的一个理论上的解释，而这种解释实际上是随意的。再往前跨出重大的一步，我们就得到正确的线索。想象一条完全平滑的道路，而车轮则根本没有摩擦。这样就没有什么可以阻止这辆手推车了，因此它会永远向前进。

这个结论只是通过思考一个理想实验而得到的，而这个实验是永远无法实际去做的，因为不可能消除所有的外部影响。这个理想实验揭示了一条线索，而这条线索确实形成了运动的力学基础。

比较一下处理这个问题的这两种方法，我们可以说：直觉的想法是——作用越大，速度就越快。因此这里的速度就表明了一个物体是否受到外力的作用。伽利略发现的新线索是：如果一个物体既没有被推、拉，也没有以任何其他方式受到作用力，或者更简洁地说，如果没有任何外力作用在这个物体上，那么它就会做匀速运动，也就是说，始终以相同的速度沿一条直线运动。因此，速度并不能表明是否有外力作用在物体上。伽利略的结论是正确的，在一代人以后，牛顿将其表述为惯性定律（*law of inertia*）。这通常是我们在学校里学习物理时，需要熟记在心的首要之事，我们之中的一些人可能现在还记得这条定律：

> 每个物体都保持其静止状态或匀速直线运动状态，除非有施加于其上的一些力迫使它改变这种状态。

我们已经看到，这条惯性定律是无法直接从实验中得出的，而只能通过与观察相一致的思辨思维得出。理想实验永远不可能实际去演示，尽管它导致了对真实实验的一种深刻理解。

从我们周围世界的各种复杂运动中，我们选择了匀速运动作为我们的第一个例子。这是最简单的，因为没有外力的作用。然而，匀速运动是永远不可能实现的；从塔上扔下的一块石头，在路上推行的一辆手推车，都绝不可能完全匀速地运动，这是因为我们无法消除各种外力的影响。

在一个好的悬案故事中，最明显的那些线索往往会使一些无辜者成为可疑对象。同样，在我们试图理解自然定律的过程中，我们发现最明显的直觉解释往往是错误的。

人类思维带来了一幅不断变化的宇宙图景。伽利略的贡献在于摧毁了直觉的看法，而代之以一种新的观点。这就是伽利略的发现的意义所在。

但关于运动的另一个问题立即出现了。如果速度并不是作用在物体上的外力的表示，那么还有什么能表示这些外力？这个基本问题的答案是伽利略发现的，而牛顿发现了其更简洁的形式。这个答案为我们的研究提供了进一步的线索。

为了找到正确的答案，我们必须更深入地去思考在一条完全平滑的道路上的手推车。在我们的理想实验中，手推车的匀速运动是由于不存在任何外力的作用。现在让我们想象一下，给这辆匀速运动的手推车施加一个沿着运动方向的推力。现在会发生什么？显然它的速率会增大。同样明显的是，一个与运动方向相反的推力会使手推车的速率减小。在第一种情况下，手推车由于受到推力而加速，在第二种情况下则减速或变慢。由此可以立即得出结论：外力的作用会改变速度。因此，推或拉所造成的结果不是速度本身，而是速度的变化。这样的一个力要么使速度增大，要么使速度减小，取决于它的作用方向是与运动方向相同还是相反。伽利略清楚地看到了这一点，并在他的《两种新科学》（*Two New Sciences*）中写道：

> ……只要消除了加速或减速的外部原因，任何速度一旦传递给一个运动物体，都将严格保持不变。这种情况只在水平面上才能出现，因为在向下倾斜的平面上，已经存在加速的起因，而在向上倾斜的平面上，则有阻滞的起因。由此可知，沿水平面的运动是永恒的，因为如果速度是均匀的，那它就不可能减弱

或变缓，更不用说消除了。

遵循着这条正确的线索，我们对运动问题有了较为深入的理解。牛顿所阐述的经典力学就是以力与速度变化之间的联系为基础——而不是如我们凭直觉所认为的那样，以力与速度本身之间的联系为基础。

我们一直在利用两个在经典力学中起着主要作用的概念：力和速度变化。在科学的进一步发展过程中，这两个概念都得到了扩展和推广。因此，我们必须更仔细地深研它们。

力是什么？从直觉上，我们能感觉到这个词的含义。这个概念起源于推、扔或拉——起源于伴随着其中每一种动作的肌肉感觉。但是其广义的范围远远超出这些简单的例子。我们甚至不用想象马拉着马车就能想到力！我们谈及太阳与地球、地球与月球之间的引力，以及引起潮汐的那些力。我们谈及地球迫使我们自己和周围所有物体保持在其作用范围内的力，以及风在海面上掀起波浪或吹动树叶的力。当我们观察到速度变化时，在一般意义上来说，必定有外力在起作用。牛顿在他的《原理》（*Principia*）一书中写道：

外加的力是为了改变一个物体的状态而

物理学的进化

施加在物体上的一种作用，这种状态可以是静止，也可以是匀速直线运动。

这种力只存在于作用过程之中，当作用结束时，它就不再存在于物体中。因为物体仅仅依靠其惯性（*vis inertiae*），就会保持它所获得的每一个新状态。外加的力有不同的来源，比如说来自撞击、压力以及来自向心力。

如果一块石头从塔上下落，那么它的运动绝不是匀速的。石头在下落过程中速度会增大。我们推断出：有一个外力在运动的方向上起作用。换言之，地球在吸引这块石头。让我们再举一个例子。当一块石头竖直向上扔的时候会发生什么？它的速度会减小，直到这块石头到达最高点，然后开始下落。引起这种速度减小的力，与使下落物体加速的力是相同的。在一种情况下，力作用于运动的方向，在另一种情况下，力作用的方向与石头运动的方向相反。这个力是相同的，但根据石头是被向下扔还是向上扔，它会因之造成加速或减速。

矢量

我们至此所考虑的所有运动都是直线的（*rectilinear*），即沿着一条直线的运动。现在我们必须再向前迈进一步。我们分析了最简单的情况，并在最初的那些尝试中暂时先不考虑一切错综复杂的因素，以此来理解各种自然定律。一条直线比一条曲线简单。不过，我们不可能满足于仅仅理解直线运动。月球、地球和各行星的运动都是沿着曲线路径的运动，而把力学原理应用于它们已取得了如此辉煌的成功。从直线运动过渡到沿着曲线的运动带来了一些新的困难。如果我们想理解经典力学的原理，那我们就必须有勇气去克服这些困难。经典力学为我们提供了最初的那些线索，并由此形成了科学发展的起点。

让我们考虑另一个理想实验，在这个实验中，一个完美的球在一张光滑的桌子上匀速滚动。我们知道，如果给球一个推力，也就是说，如果施加一个外力，那么它的速度就会改变。现在假设这个推力方向不是像手推车的例子那样沿着运动的路线，而是沿着一个完全不同的方向，比如说，垂直于那条运动的路线。那么这个球会发生什么？它的运动可分为三个阶段：初始运动阶段、力的作用阶段和力停止作用后的最终运动阶段。根据惯性定律，在外力作用前与作用后，球的速度是完全一致的。但受力前后的匀速运动有一个区别：运动的方向改变了。球的初始路径与外力的方向相互垂直。最终的运动不是沿着这两条线，而是沿着这两条线之间的某个方向：如果推力很大而初速度很小，则最终的运动方向比较接近力的方向；而如果推力很小而初速度很大，则运动方向比较接近于原来的运动路线。我们根据惯性定律得出的新结论是：一般而言，外力的作用不仅改变运动的速率，而且改变运动的方向。理解这一事实使我们对通过矢量（vector）概念在物理学中引入对此结论的普遍化做好了准备。

我们可以继续使用我们的这种直截了当的推理方法。出发点还是伽利略的惯性定律。这条宝贵线索对破解运动之谜能得出的种种结果，我们还远远没有完全用尽。

让我们考虑在一张光滑桌面上沿着两个不同方向运动的两个球。为了得到一个明确的图像，我们可以假定这两个球的方向相互垂直。由于没有外力作用，因此这两个运动是完全匀速的。进一步假设这两个球的速率相等，即它们在相同时间间隔内经过相同距离。但是说这两个球具有相同的速度是否正确呢？答案可以是肯定的，也可以是否定的！如果两辆车的速度表都显示 40 英里/时，那么无论它们朝哪个方向行驶，通常就说它们具有相同的速率或速度。但是科学必须创造出自己的语言、自己的概念，供自己使用。科学概念往往是从日常事物的普通语言中所使用的那些概念开始的，但它们的发展却截然不同。它们被改变，失去了与普通语言相关联的那种模糊性，变得严谨，从而可以应用于科学思维。

从物理学家的观点来看，说两个沿不同方向运动的球，其速度不同，这是有好处的。尽管这纯粹是一种约定，但是对于沿着不同道路驶离同一环形交叉路口的四辆车，即使它们速度表上显示的速率都是 40 英里/时，也还是说它们的速度不相同比较方便。速率和速度之间的这种分化，说明了物理学如何从日常生活中使用的一个概念开始，并以一种在科学的进一步发展中卓有成效的方式改变它。

如果对某个长度进行测量，那么其结果表示为若干个单位。一根棍子的长度可能是 3 英尺 7 英寸；某个物体的重量是 2 磅 3 盎司；测得的一个时间间隔是几分钟或几秒钟。在其中的每一种情况下，测量结果都表示为一个数。然而，仅仅一个数有时是不足以描述某些物理概念的。对这一事实的认识标志着科学研究的一大显著进步。例如，在表征一个速度时，必不可少的不仅有一个数，还包括一个方向。这样一个既有大小又有方向的量被称为一个矢量。适合表示矢量的符号是一个箭头。速度可以用一个箭头来表示，或者简单地说，用一个矢

物理学的进化

量来表示。这个矢量在某种选定单位标度下表示的长度就是其速率的量度，而其方向就是运动的方向。

如果四辆车以相等的速率从环形交叉路口分头驶离，那么它们的速度可以用四个长度相同的矢量来表示，如图 1 所示。在所用的标度中，1 英寸代表 40 英里/时[1]。这样，任何速度都可以表示为一个矢量，反之，如果标度已知，那么我们就可以用这样的一个矢量图来确定速度。

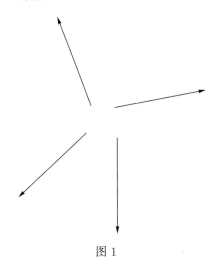

图 1

如果两辆车在公路上相对经过，并且它们的速度表都显示 40 英里/时，那么我们就用两个箭头指向相反的

---

[1]原著中图 1 和图 2 中的矢量长度确为 1 英寸，这里的图片仅为示意图。——译注

方向的不同矢量来描述它们的速度（图2）。因此，在纽约市，用以指示驶向"北部城区"和"南部城区"地铁的箭头也必须指向相反的方向。但是在不同车站或不同道路上，所有以相同速率向上城区行驶的列车都具有相同的速度，这可以仅用一个矢量来表示。一个矢量并不能表示列车经过哪个车站，也不能表示列车在许多平行轨道上的哪一条上行驶。换言之，根据公认的约定，图3所画的所有这些矢量都可以被视为相等的，它们沿着同一直线或平行的直线，长度相等，且箭头指向同一方向。图4显示的矢量则全都互不相同，因为它们要么长度不同，要么方向不同，要么两者都不同。同样的四个矢量还可以用另一种方法来画，它们都从同一个点向外（图5）。由于起始点对矢量无关紧要，因此图中的这些矢量可以表示四辆车离开同一环形交叉路口的各速度，或者表示全国不同地区的四辆车，它们各以标示出的速率以及标示出的方向行驶时的速度。

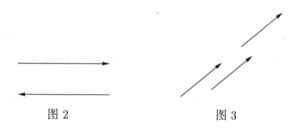

图2   图3

物理学的进化

图 4   图 5

现在可以用这种矢量表示法来描述前面讨论的关于直线运动的那些事实了。我们谈到了一辆正在做匀速直线运动的手推车受到一个沿着其运动方向的推力，从而使它的速度增大。这一情况可以用两个矢量形象化地表示出来（图 6），其中一个较短的矢量表示它受推力前的速度，另一个较长的矢量表示它受推力后沿同一方向的速度。图中虚线矢量的含义很清楚，它代表的是速度的变化，正如我们所知，这是由推力引起的。对于推力与运动方向相反的情况，运动减慢，而此时的示意图稍有不同（图 7）。虽然此时虚线矢量还是对应于速度的变化，但在这种情况下，它的方向是不同的。很明显，不仅速度本身是矢量，而且它们的变化也是矢量。但是速度的每个变化都是由于受到一个外力的作用，因此作用力也必须用矢量来表示。为了描述一个力的特性，仅仅说明我们推小车的力有多大是不够的，我们还必须说明我们是向哪个方向推的。因此，就像速度或速度的变化一

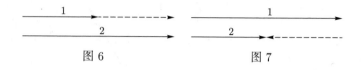

| 图 6 | 图 7 |

样，力必须用一个矢量来表示，而不是单单一个数。因此，外力也是一个矢量，而且必定与速度变化的方向相同。在这两幅图中，两个虚线矢量真实地表示了速度的改变，也一样真实地表示了两个作用力的方向。

在这里，怀疑论者可能会说，他认为引入矢量没有任何好处。这样做的结果只是把以前已经认识到的那些事实转写成一种陌生的、复杂的用语。在这个阶段，确实很难使他相信是他错了。实际上，就目前而言，他是对的。但我们将会看到，正是这种奇怪的语言导致了一个重要的推广，而矢量在其中似乎是必不可少的。

运动之谜

要是我们只会处理沿一条直线的运动，那么我们就完全不能理解在自然界中观察到的那些运动。我们必须考虑沿弯曲路径的运动，而我们下一步就是要确定支配这些运动的各定律。这不是一件容易做到的事。在直线运动的情况下，我们关于速度、速度变化和力的概念被证明是十分有用的。但我们由此并不能立即看出如何将

物理学的进化

它们应用于沿一条弯曲路径的运动。确实可以想象，旧的那些概念不适合用于描述一般运动了，因此就必须创造出一些新的概念。我们应该沿着老路走下去，还是另辟蹊径？

把一个概念进行推广是科学中经常使用的一种做法。推广的方法不是唯一确定的，因为通常有许多方法来加以实现。不过，有一个限制条件必须严格得到满足：当原有的诸条件出现时，任何推广的概念都必须还原为原有的概念。

我们可以用我们现在正在处理的例子来很好地阐明这一点。我们可以试着把我们的速度、速度变化和力的旧概念推广到沿一条曲线运动的情况。从严格意义上来说，当我们谈到曲线时，是包括直线在内的。直线是曲线的一个浅显的特例。因此，如果对于沿曲线的运动引入了速度、速度变化和力，那么对于沿直线的运动，也就自动地引入了这些概念。但这样得出的结果绝不能与先前得到的那些结果产生矛盾。如果曲线变成直线，那么所有推广的概念都必须还原为我们熟悉的那些描述直线运动的概念。但这一限制并不足以唯一地确定这种推广，因为这一条件并不排除多种可能性。科学史表明，一些最简单的推广有时是成功的，有时却是失败的。我们得先猜测一下。在我们的例子中，很容易猜出正确的推广方法。事实证明这些新的概念非常成功，既能帮助我们理解行星的运动，也能帮助我们理解一块抛出的石头的运动。

那么，在沿一条曲线运动的一般情况下，速度、速度变化和力各是什么意思？让我们从速度开始。一个很小的物体沿着曲线从左向右运动。这样的一个小物体通常被称为粒子（*particle*）。图 8 中曲线上的点表示粒子在某一时刻的位置。对应于这个时刻和位置，该质点的速度是多少？伽利略的线索再次暗示了一种引入速度的方法。我们必须再次发挥想象力，思考一个理想实验。这个粒子在一些外力的作用下，沿着曲线从左到右运动。想象一下，在某一个给定的时刻，在由图中的点所表示的那一位置处，所有这些力都突然停止了作用。那么，根据惯性定律，该质点的运动就必定是匀速的。当然，在实际中，我们永远不可能使一个物体完全不受任何外部作用。我们只能推测"如果……，那会发生什么？"并通过由此推测所能得出的结论，以及这些结论与实验是否一致，来判断我们的推测的相关性。

图 9 中的矢量表明，当所有外力都消失时，我们所推测的匀速运动方向。这就是所谓的切线方向。通过显

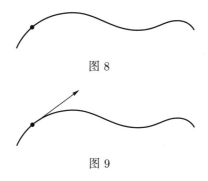

图 8

图 9

微镜来观察一个运动的质点，我们看到的是该曲线的一小段，它看起来像一段短线段。而上面的切线是它的延长线。因此，画出的矢量表示一个给定时刻的速度。该速度矢量位于这条切线上。它的长度代表了速度的大小，或者例如说，一辆汽车的速度表所显示的速率。

为了求得速度矢量，我们破坏了运动。我们不必太过认真地对待这一理想实验。它只是帮助我们理解我们该把什么称为速度矢量，并使我们能够确定给定时刻、给定点处的速度矢量。

图 10 显示了一个沿曲线运动的质点在三个不同位置处的三个速度矢量。在图示的情况下，质点在运动过程中，不仅其速度的方向在变化，而且以矢量长度表示的速度大小也在变化。

速度的这个新概念是否满足为所有推广所定下的限

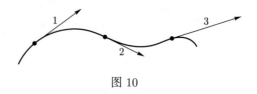

图 10

制？也就是说：如果曲线变成一条直线，它是否会还原为我们熟悉的概念？显然是的。一条直线的切线就是该直线本身。速度矢量就位于运动的直线上，移动的手推车或滚动的球就是这种情况。

下一步要引入沿曲线运动的质点的速度变化。这也可以通过多种不同方法来实现，我们在其中选择了最简单、最方便的方法。图 10 中显示的几个速度矢量分别代表质点在路径上不同点的运动。其中的前两个矢量可以重画一次，使它们有一个共同的起点（图 11），正如我们已经看到的，这对于矢量是可能做到的。我们将虚线矢量称为速度变化。它的起点是第一个矢量的末端，它的终点是第二个矢量的末端。用这样的方式来定义速度的变化，乍一看似乎是人为的，毫无意义。在矢量 1 和 2 方向相同的特殊情况下，这样的定义就会变得比较清晰。当然，这意味着要过渡到直线运动的情况。如果两个矢量具有相同的起点，再次用虚线矢量把它们的末端相连。现在画出的这幅图（图 12）就与图 6 完全相同了，

物理学的进化

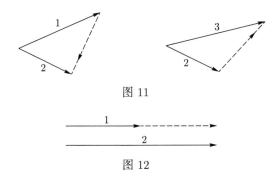

图 11

图 12

而先前的概念又作为新概念的一个特例重新得到。我们可以指出，我们必须把这幅图中的两条直线分开，因为否则它们会重合而无法加以区分。

我们现在必须走出我们的推广过程中的最后一步了。这是到目前为止，我们不得不作出的所有推测中最重要的一个。必须建立力与速度变化之间的联系，这样我们才能系统地阐明使我们能够理解运动的一般问题的这一线索。

解释直线运动的线索很简单：外力是速度变化的原因；力矢量的方向与速度变化的方向相同。那么，什么可以视为曲线运动的线索？完全一样！唯一的区别是，速度的变化现在比以前有了更宽泛的意义。看一看图 11和图 12 中的两个虚线矢量，就可以清楚地表明这一点。如果曲线上所有点的速度都已知，那么就可以立即推断出任意一点处的力的方向。我们必须作两个瞬间的速度矢量，它们之间的时间间隔很短，因此对应于彼此非常接近的两个位置。从第一个速度矢量末端到第二个速度矢量末端的矢量表明了作用力的方向。但是，这两个速度矢量应该只相隔一个"非常短"的时间间隔，这是至关重要的。对"非常近"、"非常短"等词语的严格分析绝不简单。事实上，正是这种分析导致牛顿和莱布尼茨发现了微积分。

这一通往伽利略线索的推广的道路是冗长而煞费苦心的。我们在此无法表明，这一推广已结出了多么丰富、多么富有成效的成果。应用它就使得许多以前无条理的、被曲解的事实有了简单而令人信服的解释。

我们将从极为丰富多样的各种运动中，只取最简单的运动，并将应用刚才阐明的那条定律对它们作出解释。

从枪里射出的一颗子弹、以一定角度掷出的一块石头、从水管中流出的水流，都描出了我们熟悉的同一类型的路径——抛物线。例如，想象将一个速度计固定在一块石头上，从而可以绘制出它在任何时刻的速度矢量。其结果很可能如图13所示。作用在石头上的力的方向就是其速度变化的方向，而我们已经知道如何来确定它。结果如图14所示，这表明这个力是竖直的，并且是向下

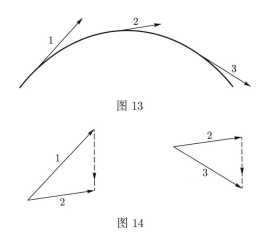

图 13

图 14

的。这与使石头从塔上自由下落的力是完全一样的。这两种运动的路径完全不同，而且速度也完全不同，但速度的变化方向却是相同的，即向着地心。

一块石头固定在细绳末端，并在水平面上回转，其运动路径是一个圆形。

如果石头的速率是相同的，那么在图 15 中表示这一运动的所有矢量都具有相同的长度。然而，它在各点的速度是不相同的，这是因为它的路径不是一条直线。只有在匀速直线运动中才不涉及力。而这里有力的存在，因为速度变化了，变化不是在大小上，而是在方向上。根据运动定律，一定有某个力导致了这种变化，而在本例中，在石头与握着绳子的手之间有一个力。进一步的问

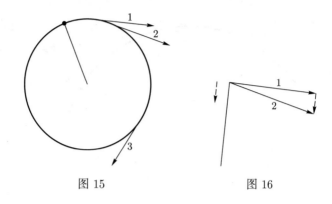

图 15   图 16

题立即出现了：这个力的作用方向如何？矢量图再次解释了答案。图 16 中绘制了两个非常靠近的点的两个速度矢量，并得到了速度的改变。我们看到最后这个矢量是沿着细绳指向圆心的，并且总是垂直于速度矢量，或者说垂直于路径的切线。换言之，即手通过细绳对石头施加了一个力。

　　月球绕地球的公转这个更重要的例子与此非常相似。这可以近似地表示为匀速圆周运动。此时作用力指向地球的原因与我们之前那个例子中作用力指向手的原因是一样的。地球和月球之间没有连接它们的任何细绳，但我们可以想象这两个天体的中心之间有一条线；作用力沿着这条线，并指向地球的中心，正如抛向空中的石头或从塔上下落的石头受到的那个力一样。

物理学的进化

我们关于运动所说的一切，只要用一句话就可以概括了。力和速度变化是具有相同方向的两个矢量。这是运动问题的最初线索，但它当然还不足以彻底解释所观察到的所有运动。从亚里士多德的思想方式到伽利略的思想方式的转变，构成了科学基础中极为重要的一块基石。一旦实现了这一突破，进一步发展的路线就清晰了。在这里，我们的兴趣在于发展的最初几个阶段，在于遵循最初的线索，在于展示新的物理概念是如何在与旧观念的痛苦斗争中诞生的。我们只关心科学的开拓性工作，这包括找到那些新的、意想不到的发展道路；只关心科学思想的大胆开拓创造出一幅不断变化的宇宙图景。那些最初的和根本的步骤总是具有一种革命性的特征。科学的创造力发现旧的概念过于局限，于是就用一些新的概念来取代它们。沿着任何一条已经开始的路线继续发展，其本质更多的是进化，直至到达下一个转折点，此时下一个更新的领域必须被征服。不过，为了理解是哪些原因、哪些困难迫使我们要在重要概念上作出变化，我们不仅必须知道最初的那些线索，还得知道由它们可以得出的各种结论。

现代物理学最重要的特点之一是，从最初的那些线索中得出的结论不仅是定性的，而且是定量的。让我们再考虑一下从塔上下落的一块石头。我们已经看到它的速度在下落过程中是不断增大的，但我们希望知道更多。这种变化究竟有多大？石头在开始下落以后在任何时刻的位置及速度是什么？我们希望能够预言一些事件，并通过实验来确定观察到的数据是否证实了这些预言，从而确定最初的那些假设是否成立。

要能得出定量的结论，我们就必须使用数学的表述。科学的大多数基本思想在本质上都很简单，因而通常可以用人人都能理解的语言来表达。要把这些思想探究到底，就需要掌握高度精准的探究手段。如果我们想要得出可以与实验相比较的结论，那就有必要将数学作为一种推理工具。只要我们仅仅关心基本的物理思想，那我们就可以避免使用数学语言。由于在本书中，我们是始终如一地这样做的，因此有时候必须使我们限于不加证明地引述一些必要的结果，从而理解在进一步发展中出现的一些重要线索。放弃使用数学的表述必须付出代价，那就是精确性损失了，以及有时会有必要引述一些结果，而不能表明它们是如何得出的。

地球绕太阳的运动（图17）是关于运动的一个非常重要的例子。众所周知，其运动路径是一条闭合曲线，称为椭圆。作出的速度变化矢量图表明，作用在地球上的

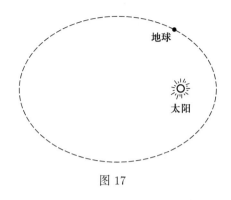

地球

太阳

图 17

力是指向太阳的。但这毕竟只是很少的信息。我们希望能够预言地球和其他行星在任意时刻的位置，我们希望能够预言下一次日食以及许多其他天文事件的日期和持续时间。要做到这些事情是可能的，但不能单凭我们最初的线索，因为现在不仅需要知道作用力的方向，而且需要知道它的绝对值，即力的大小。正是牛顿在这一点上作出了富于灵感的猜测。根据他的万有引力定律（*law of gravitation*），两个物体之间的引力简单地取决于它们之间的距离。当距离增大时，引力变小。具体来说，如果距离增大为原来的两倍，引力就会变为原来的 $\frac{1}{4}$；如果距离增大为原来的三倍，引力就会变为原来的 $\frac{1}{9}$。

由此我们可以看出，对于引力的情况，我们成功地用一种简单的方式表示了引力对运动物体之间距离的依赖关系。在有各种不同的力（例如电力、磁力，等等）作用的所有其他的情况下，我们都会以相类似的方式进行。我们设法用一个简单的表达式来表示力。只有当从该表达式中得出的结论得到实验证实时，这样一个表达式才被证实是合理的。

但是，仅凭对引力的这一了解还不足以描述行星的运动。虽然我们已经看到，在任何短时间间隔内，表示力的矢量与表示速度变化的矢量具有相同的方向，但我们必须进一步跟随牛顿，假设它们的长度之间有一个简单的关系。在所有其他条件都相同的情况下，也就是说，对于相同的运动物体，以及在相等时间间隔内所考虑的变化也是相同的，根据牛顿的理论，此时的速度的变化与作用力成正比。

因此，要得出行星运动的各定量结论，只需要补充两个猜测。其中一个是一般性质的，它说明了力与速度变化之间的联系。另一个是具有特殊性质的，它说明了所涉及的力的特定种类对物体之间距离的确切依赖关系。第一个表述为牛顿的一般运动定律，第二个是牛顿的万有引力定律。它们共同决定了行星的运动。通过以下听起来有些笨拙的推理，我们可以清楚地说明这一点。假设在一个给定的时刻，行星的位置和速度都可以确定，并且力也是已知的。那么，根据牛顿定律，我们就会知道在很短时间间隔内的速度变化。知道了初始速度及其变化，我们就可以得到行星在该时间间隔结束时的速度和位置。通过不断重复这一过程，就可以追踪整个运动路径，而无须进一步借助于观测数据。原则上，这就是力学预言物体运动过程的方法，但这里使用的这一方法不怎么实用。在实践中，这种一步一步的程序不仅会极其烦琐，而且不准确。幸运的是，完全不必要这样去做；数学提供了一条捷径，用比我们写一句话还少得多的笔墨，就可以精确地描述运动。对于以这种方式得出的各结论，我们可以通过观察来证明它们是否成立。

在一块石头从空中下落的运动中，以及月球在其轨道上的公转中，我们确认了是同样一种外力在起作用，即地球对物体的引力。牛顿认识到，下落的石头的运动、月球的运动和行星的运动只是作用于任何两个物体之间的万有引力的各种非常特殊的表现形式。在一些简单的情况下，运动可以借助于数学来描述和预言。在那些遥远而极其复杂的情况下，因为要涉及多个物体的相互作用，此时用数学来阐明就不是那么简单了，但其基本原理是相同的。

我们发现，根据我们最初的那些线索所得出的各结论，在抛掷石头的运动中，在月球、地球和行星的运动中都得到了体现。

这实际上是我们的整个猜测体系，可以通过实验来证明其是否成立。其中任何一个假设都不能被隔离出来单独检验。在行星绕太阳运行这个例子中，人们发现这个力学体系极为成功。不过，我们也完全可以想象，另一个基于不同假设的体系也可能同样奏效。

物理概念是人类思想的自由创造，因此不管看起来如何，它们并不是由外部世界唯一决定的。我们努力理解现实的过程，有点像是一个人在试图弄清楚一块封闭的手表的运行机制。虽然他看得见表面和两根移动的指针，甚至听到它走时的滴答声，但他没有办法打开表壳。如果他心思灵敏的话，可能会形成某种机械装置的图像，这种机构可以解释他所观察到的所有事情，但他可能永远不能确定他的图像是否是能够解释他的观察的唯一图像。他永远无法将自己的图像与真实的机构进行比较，他甚至无法想象这样一种比较的可能性及意义。但他肯定相信，随着知识的增长，他对现实的图像会越来越简单，并且解释他的感官印象的范围也会越来越广。他也可能相信存在着知识的理想极限，并相信人类思想可以接近这一极限。他也许将这种理想极限称为客观真理。

还留下一条线索

当我们一开始学习力学的时候，会有这样一种印象：这一科学分支中的一切都是简单的、基础的，而且是一成不变的。我们几乎不会对存在着一条重要的线索有所察觉，三百多年来这条线索都无人注意。与这条被忽略的线索相关的是力学的基本概念之一——质量（mass）的概念。

我们再次回到那个简单的理想实验，即手推车在一条完全平滑的道路上的运动。如果手推车最初处于静止状态，然后被推了一下，那么它随后就会以一定的速度匀速运动。假设这个力的作用可以按需要重复多次，推力的机制以同样的方式作用，并且对同一辆车施加同样的力。无论这一实验重复多少次，最终速度总是相同的。但是，如果实验改变了，手推车先前是空的，现在是满载的，那会发生什么呢？满载的手推车的最终速度会比空车的最终速度要小。结论是：如果相同的力作用于两个最初都处于静止状态的不同物体，那么它们的最后速度会不同。我们说，速度取决于物体的质量，质量越大，速度就越小。

因此，我们至少在理论上知道如何确定一个物体的质量，或者更确切地说，是确定一个质量比另一个质量大多少倍。我们将完全相同的力作用于两个静止质量。当我们发现第一个质量的速度是第二个质量的三倍时，就可以得出结论：第一个质量是第二个质量的三分之一。这当然不是确定两个质量之比的一个非常实用的方法。不过，我们完全可以想象，用这种方式或者应用基于惯性定律的任何其他类似的方式已经做到了这一点。

在实践中，我们如何真正地确定质量？当然不是以刚才描述的那种方式。每个人都知道正确的做法。我们是用秤来称出质量的。

让我们来对确定质量的这两种不同方法作详细的讨论。

第一个实验与重力，即地球引力，没有任何关系。手推车在被推动后，就在一个完全平滑的水平面上运动。使手推车保持在平面上的重力是不变的，因此对于确定小车的质量不起作用。这与称重是完全不同的。如果地球不吸引物体，即如果重力不存在，那么我们从来就不会使用秤。这两种质量确定方法的区别在于，第一种方法与重力无关，而第二种方法本质上是以重力的存在为基础的。

我们的问题是：如果我们用上述两种方法来确定两

　　　　　　　　　　　物理学的进化

个质量之比，那么我们是否会得到相同的结果？由实验给出的答案很清楚。结果完全一样！这一结论是无法预见的，是基于观察，而不是推理。为了简单起见，我们将用第一种方法确定的质量称为惯性质量（*inertial mass*），而将用第二种方法确定的质量称为引力质量（*gravitational mass*）。在我们的世界里，它们碰巧是相等的，但我们完全可以想象，这根本不该是这样的。另一个问题又立即出现：这两种质量的同一性纯粹是出于偶然性，还是有其更深层次的意义？从经典物理学的观点来看，这个问题的答案是：这两种质量的同一性是偶然的，不应赋予它任何更深层次的意义。现代物理学对这个问题的答案却恰恰相反：这两种质量的同一性是根本的，它形成了一条新的、重要的线索，从而导致了一种更深刻的理解。事实上，这正是创建所谓的广义相对论所依据的最重要线索之一。

如果一个悬案故事把一些奇怪的事件都归结为意外，那就显得拙劣了。让故事按一种合理的模式展开当然会更令人满意。与此完全相同，如果有一种理论为引力质量和惯性质量的一致性给出一种解释，那么它就要比将它们的一致性解释为偶然性的理论来得好，当然，前提是这两种理论都与观测到的事实协调一致。

由于惯性质量和引力质量的一致性是阐述相对论的基础，因此我们有理由在这里更仔细地研究一下。有哪些实验能够令人信服地证明这两种质量是相同的？答案就是伽利略做过的那个古老的实验：他使具有不同质量的物体从塔上下落。他注意到下落所需的时间总是一样的，即下落物体的运动与其质量无关。要把这个简单但非常重要的实验结果与两种质量的同一性联系起来，还需要一些相当复杂的推理。

　　静止的物体会在外力的作用下屈服，运动起来并达到一定的速度。根据其惯性质量，它屈服得或多或少，大的质量比小的质量对运动的抵抗更强烈。如果不自诩严谨的话，我们可以这样说：物体愿意响应外力召唤的程度取决于它的惯性质量。如果地球确实以同样的力吸引所有的物体，那么惯性质量最大的物体在下落时会比其他物体运动得慢。但事实并非如此：所有物体都以同样的方式下落。这意味着地球吸引不同质量的力必然是不同的。现在地球以重力吸引一块石头，而对它的惯性质量一无所知。地球的"召唤"力取决于引力质量。石头的"响应"运动取决于其惯性质量。由于"响应"运动总是相同的，即所有从同一高度释放的物体都以相同的方式下落，由此必定推断出的是：引力质量和惯性质量

　　　　　　　　　　　　　　物理学的进化

是相等的。

物理学家将这个结论阐述为更带学究气的以下形式：下落物体的加速度与其引力质量成正比地增加，与其惯性质量成反比地减小。由于所有下落物体都有相同的恒定加速度，因此这两种质量必然相等。

在我们的重大悬案故事中，没有任何问题能得到一劳永逸的完全解决。三百年后，我们不得不回到最初的那个运动问题，修正探究过程，寻找一直被忽视的线索，由此对周围的宇宙得到了一幅不同的图像。

热量是一种物质吗？

在这里，我们开始追随一条新的线索，这条线索起源于热现象领域。不过，我们不可能将科学划分为各个独立的、不相关的几部分。事实上，我们很快就会发现，这里引入的一些新概念与那些我们已经熟悉的概念是相互交织的，并且与那些我们将遇到的概念也是相互交织的。在一个科学分支中建立起来的一种思路，常常可以用来描述一些看起来性质相当不同的事件。在这个过程中，最初的那些概念经常被修改，从而既促进对产生这些概念的那些现象的理解，也促进对要将这些概念新应用于的那些现象的理解。

描述热现象的最基本的两个概念是温度（*temperature*）和热量（*heat*）。在科学史上，人们花了令人难以置信的漫长时间才将这二者区分开来，但它们一旦得到区分，人们就取得了迅速的进展。虽然这些概念现在大家都很熟悉了，但我们还是要仔细研究它们，强调它们之间的那些区别。

我们的触觉非常明确地使我们知道，一个物体是热的，而另一个是冷的。但这是一个纯粹定性的标准，对于定量描述而言是不够的，有时甚至是模棱两可的。一个著名的实验表明了这一点：假定我们有三个容器，分别装有冷水、温水和热水。如果我们一只手浸入冷水，另一只手浸入热水，那么我们从第一只手得到的信息是冷的，从第二只手得到的信息是热的。如果我们再将双手同时浸入同一温水之中，就会收到分别来自这两只手的两条相互矛盾的信息。出于同样的原因，如果一位因纽特人和一位土生土长的赤道国家居民在某个春日在纽约相会，那么他们对于当地天气是热还是冷就会持有不同的看法。我们通过使用一支温度计来解决所有这些问题，而这种仪器的原始形式是伽利略设计的。又是这个熟悉的名字！温度计的使用基于一些显而易见的物理假设。

　　　　　　　　　　　　　物理学的进化

我们将引用一百五十年前布莱克[1]的几句话来回忆这些假设，布莱克为消除与热量和温度这两个概念有关的混淆不清作出了巨大贡献：

> 通过使用这台仪器，我们了解到，如果我们取 1000 个或更多个不同种类的物质，如金属、石头、盐、木头、羽毛、羊毛、水和各种其他液体，虽然它们最初都具有不同的**热量**，但如果将它们一起放入同一个没有炉火的房间，并且阳光也照不进这个房间，那么热量将从其中较热的物体传递到较冷的物体，可能经过几个小时，或者经过一天的时间，在这段时间结束时，如果我们用温度计相继测量所有这些物体，那么它将精确地指向同一个温度。

根据现在的术语，上面这句话中的黑体字**热量**一词应该替换为**温度**这个词。

当一位医生从病人口中取出体温计时，他可以这样推理："体温计通过其水银柱长度来指示自身的温度。我们假设水银柱长度与温度增加成正比地增大。但是体温

---

[1]约瑟夫·布莱克（Joseph Black，1728—1799），英国化学家、物理学家。——译注

计与我的病人接触了几分钟，所以病人与体温计应具有同样的温度。因此我的结论是，我的病人的体温就是体温计所显示的温度。"医生可能是机械地在操作，但他在没有意识到的情况下已应用了物理原理。

但是体温计与那个被测体温的人含有一样的热量吗？当然不是。如果仅仅因为两个物体的温度相等，就假定它们含有等量的热量，那么就像布莱克所说的，是

> 对这个问题采取了一种非常草率的看法。这种看法把不同物体的热量与其一般强度混淆了，它们是两种不同的东西，尽管这一点是显然的，但当我们思考热量的分布时，我们总是该留意将它们区分开来。

我们可以通过考虑一个非常简单的实验来理解这一区别。将一磅水放在燃气火焰上，经过一段时间后水从室温升至沸点。用同样的火焰加热同一容器中的比如说12磅水需要更长的时间。我们把这个事实解释为现在需要更多的"某物"，我们将这个"某物"称为热量。

另一个重要的概念，比热（*specific heat*），是通过下一个实验得到的：在一个容器里装一磅水，另一个容器里装一磅水银，两者以同样的方式加热。水银比水热得

快得多，这表明将温度升高一度，水银所需的"热量"较少。一般而言，将质量全都相同的不同物质（如水、水银、铁、铜、木头等）的温度升高一度，比如说从 40 华氏度变为 41 华氏度，需要不同的"热量"。我们说每种物质都有其各自的热容（*heat capacity*），或比热。

一旦得到了热量的概念，我们就可以更仔细地研究它的性质。我们有两个物体，一个是热的，另一个是冷的，或者更准确地说，一个比另一个温度高。我们使它们相互接触，并使它们不受一切其他外部影响。我们知道，最终它们会达到相同的温度。但这是怎么发生的呢？在它们接触的瞬间到它们达到相同温度的这段时间里发生了什么？热量从一个物体"流动"到另一个物体的这幅图像自然地浮现出来了，这就像水从较高水平面流向较低水平面那样。这幅图像虽然原始，但似乎符合许多事实，这样就有了以下类比：

水 — 热量

高水位 — 高温

低水位 — 低温

这种流动一直继续下去，直到两个水位，即两个温度，相等为止。这种稚拙的观点可以通过定量考虑变得更有用。如果把各为一定质量、一定温度的水和酒精混合在一起，那么倘若知道了它们的比热，我们就能预言这一混合物的最终温度。反过来，利用观测到的最终温度，再加上一点代数知识，我们就能求出这两种液体的比热之比。

我们认识到，这里出现的热量概念与其他的一些物理概念具有一个相似之处。按照我们的看法，热量是一种物质，就像力学中的质量一样。它的量可能改变，也可能不改变，就像钱可以放在保险柜里，也可以花掉。只要保险柜一直锁着，里面钱的数量就不会改变，一个孤立物体的质量和热量也不会改变。理想的保温瓶就类似于这样一个保险柜。此外，正如一个孤立系统的质量即使在发生化学转化的情况下也保持不变一样，热量即使在从一个物体流到另一个物体的情况下也是守恒的。即使热量不是用来提高一个物体的温度，而是例如说用来使冰融化，或者使水变成水蒸气，我们仍然可以把它看作一种物质，并通过使水结冰或使水蒸气液化来重新完全得到。熔化潜热或汽化潜热这些古老的用语表明了这些概念是从将热量作为一种物质的图像中得到的。潜热是暂时隐藏起来的，就像钱放在保险柜里一样，但如果知道开锁的密码就可以使用其中的钱。

不过，热量与质量肯定不是在相同意义上的物质。

物理学的进化

质量可以用秤来测出，但是热量呢？一块铁炽热时比冰冷时更重吗？实验表明并非如此。如果热量是一种物质，那它就是一种没有重量的物质。这种"热量物质"通常被称为热质（*caloric*），这是我们在整个无重量物质家族中首先认识的物质。稍后我们将有机会追溯这个家族的历史，它的兴衰。现在只要注意到这个特殊成员的诞生就足够了。

任何物理理论的目的都是为了解释尽可能广泛的现象。只要它确实能使我们弄懂各种事件，那么这个理论就是正确的。我们已经看到，热质说解释了许多热现象。然而，我们很快就会明白，这又是一条错误的线索：热量不能被视为一种物质，即使没有重量也不行。如果我们考虑一些标志着文明开端的简单实验，这一点就很清楚了。

我们认为物质是一种既不能创造也不能毁灭的东西。然而，原始人类通过摩擦产生出的热量足以点燃木头。事实上，摩擦生热的例子太多、太熟悉了，无须重述。在所有这些例子中，都会产生一定量的热量，这一事实很难用热质说来解释。确实，这一理论的支持者可以编造论据来给出解释。他的推理大致是这样的："热质说可以解释热量在表观上的产生。举一个最简单的例子，两块木头相互摩擦。现在摩擦是某种影响木材并改变其性质的东西。很可能这些性质是这样变化的，以致不变的热量产生了比以前更高的温度。毕竟，我们注意到的事情仅仅是温度的升高。也许摩擦改变了木材的比热，而不是总热量。"

在讨论的这一阶段，与热质说的支持者争论是毫无用处的，因为这是一个只能通过实验才能解决的问题。想象两块完全相同的木头，并假设由两种不同的方法引起相同的温度变化；例如，一种情况是通过摩擦，另一种情况是通过与散热器接触。如果这两块木头在新的温度下具有相同的比热，那么整个热质说就必定会崩溃。有一些非常简单的方法可用来测定比热，而这种理论的命运就取决于这些测量的结果。在物理学史上，能够对一种理论宣布生死裁定的实验经常出现，这些实验被称为决定性（*crucial*）实验。一个实验的决定价值只有由被判定的问题的表述才能显现出来，并且通过这个实验只能检验一种现象理论。测定分别通过摩擦和热量流动达到相同温度的两个同类物体的比热是一个典型的决定性实验。这个实验是大约 150 年前由朗福德[1]完成的，它对热质说给出了致命的一击。

---

[1]朗福德伯爵（Count Rumford），即本杰明·汤普森（Benjamin Thompson，1753—1814），出生于美国的英国物理学家和发明家。——译注

下面的摘录取自朗福德自己的叙述，其中讲述了这样一个故事：

在生活的日常事务和工作中，经常会有机会思考大自然中的一些最奇妙的运转方式；而非常有趣的哲学上的实验，往往可以通过纯粹为艺术和制造业的机械目的而设计的机器来进行，几乎既不费力也不费钱。

我经常有机会来进行这种观察，而且这使我相信，习惯于留意日常生活进程中的一切事物，或在愉快的想象之旅中思考最常见的种种现象，那就常常会得出仿佛是偶然的各种有益的怀疑，以及明智的探究和改进计划……这要比哲学家们在特意拨出的研究时间里进行的所有更激烈的深思更有成效。

最近，我受聘在慕尼黑军械库的车间里负责监督大炮打孔工作时，对一门铜炮在打孔的短时间内获得的相当大的热量感到震惊；由钻孔器从炮身中钻离出来的金属碎屑还有更为强烈的热量（因为我通过实验发现，它们比沸水的热量还要大得多）……

在上述机械操作中实际产生的热量是从哪里来的？

它是由钻孔器从固体金属块中钻离出来的金属碎屑所提供的吗？

如果是这样的话，那么，根据关于潜热和热质的现代学说，此时的热容不仅应该改变，而且它们所经历的变化应该很大，才足以解释所产生的所有热量。

但这样的变化并没有发生，因为我取这些金属碎屑，并取用一把细锯锯开的同一块金属的薄片，两者质量相等，并处于同一温度（沸水的温度），将它们放入等量的冷水（例如说，温度为 $59\frac{1}{2}°$F 的水）中，结果发现，放入金属碎屑的那些水显然并没有比放入金属薄片的那些水被加热得更少或更多。

最后，他得出了他的结论：

而且，在对这个问题进行推理时，我们绝不能忘记考虑一个最值得注意的情况，即在这些实验中，由摩擦产生热的来源看来显然是**取之不尽**的。

物理学的进化

几乎没有必要再补充下面这一点：任何**绝热**物体或物体系统能够**无限**持续提供的任何东西，都不可能是一个**物质的**东西。在我看来，对任何东西想要形成任何截然不同的概念，能够以这些实验中热量被激发和交流的方式被激发和交流，即使不是完全不可能，也是极其困难的，除非它是**运动**。

由此，我们看到旧理论失灵了，或者更确切地说，我们看到了热质说仅限于应付那些热流问题。正如朗福德所提示的，我们必须再次寻找新的线索。为此，让我们暂时离开热量的问题，再次回到力学上来。

过山车

让我们来追溯一下那个流行的惊险游戏——过山车的运动。一辆小车被提升或开到轨道的最高点。它在被释放后，在重力的作用下开始向下滑行，然后沿着一条奇形怪状的曲线上上下下运动。小车速度的突然变化使乘客感到紧张刺激。每一辆过山车都有其最高点，也就是它的起点。在小车的整个运动过程中，它再也不会达到同一高度。对其运动的完整描述会非常复杂。所讨论的问题一方面有力学上的问题，即速度和位置随时间的变化；另一方面，存在着摩擦，因此在轨道上和车轮中会产生热量。将这里的物理过程分为这两个方面的唯一重要原因，是为了有可能使用前面讨论的那些概念。这种划分就导致了一个理想实验，因为仅有力学方面的物理过程只能是想象的，永远无法实现。

对于这个理想实验，我们可以想象有人已经学会了完全消除伴随着运动的摩擦力。他决定将自己的发现应用于建造一条过山车车道（图 18），并且必须自己弄清楚如何来建造它。小车要上下行驶，其出发点比如说在离地面一百英尺高处。通过反复试验，他很快发现他必须遵循一条非常简单的规则：只要车道中没有一个点高于起点，他就可以按照自己喜欢的任何曲线建造轨道。如果小车要无阻碍地前进到终点，那么它可以随他所欲地多次达到一百英尺高度，但绝不能超过这一高度。由

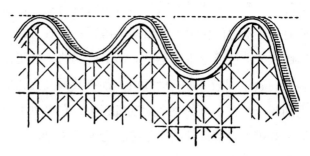

图 18

　　　　　　　　　　　　　　物理学的进化

于摩擦，实际轨道上的小车永远无法达到初始高度，但我们的这位假想的工程师不需要考虑这一点。

让我们来追踪这辆理想小车，从起点开始沿着理想过山车轨道向下滑行时的运动。当它在运动时，若它离地面的距离减小了，那么它的速率就增大了。乍一看，这句话可能会让我们想起语文课上的那句话："我没有铅笔，但你有六个橘子。"然而，我们的这句话并没有那么愚蠢。我没有铅笔和你有六个橘子之间没有联系，但是小车离地面的距离和它的速度之间有着非常实在的关联。如果我们知道小车离地面有多高，就可以随时计算出它的速率，但我们在这里略过这一计算，因为它的这一定量特征要用数学公式才能最好地表示出来。

小车在最高点的速度为零，距离地面一百英尺。在可能达到的最低点，它离地面的距离为零，但有最大速度。这些事实可以用其他术语来表达。小车在最高点有势能（potential energy），但没有动能（kinetic energy），即没有运动能量。在最低点，它有最大动能而没有任何势能。在所有的中间位置，它有一定的速度和高度，因此既有动能又有势能。势能随高度的增加而增加，而动能随速度的增加而增加。力学的一些原理足以解释这一运动。在其数学描述中出现了两个能量表达式，虽然它们的总和不变，但是每个表达式都会改变。因此，可以从数学上严格引入（取决于位置的）势能和（取决于速度的）动能这两个概念。采用这两个名字当然是随意的，只要方便就行了。这两个量之和保持不变，称为运动的一个常量。可以将总能量（动能和势能之总和），例如，与在数量上保持不变的货币进行比较。而这个总量根据一个明确限定的汇率，一次又一次地从一种货币转换到另一种货币，比如从美元转换为英镑，然后又转换回来。

在真正的过山车中，摩擦力会阻碍小车再次达到它的起始高度，但动能和势能之间仍然发生着持续的变化。不过，这里的总和不是保持不变，而是在变小（图 19）。现在，还需要重要的、有勇气的一步，将运动的力学方面和热量方面联系起来。我们将在后文中看到由这一步得出的大量结果和推广。

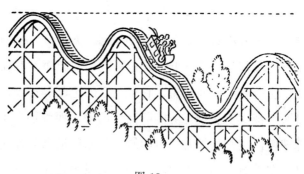

图 19

物理学的进化

除了动能和势能之外，现在还牵涉别的东西，即由摩擦产生的热量。这一热量是否对应于机械能（即动能和势能之总和）的减少？一个新的猜测即将出现。如果热量可以看作能量的一种形式，那么所有这三者（热量、动能和势能）之和可能保持不变。不仅仅是热量，热量和其他形式的能量加在一起，就像一种物质，是不可毁灭的。就好像一个人把美元换成英镑时必须用法郎向自己支付一笔佣金一样，这笔佣金也被节省下来，于是美元、英镑和法郎的总和按照某种确定的汇率就成了一个固定的金额。

　　科学的进步摧毁了将热量作为一种物质的旧概念。我们试图创造一种新的实体——能量，而热量是它的形式之一。

转换率

　　不到一百年前，迈耶[1]猜测出一条新线索，这条线索导致了将热量作为能量的一种形式这一概念，焦耳[2]用实验证实了这一点。几乎所有与热量的性质有关的基

---

[1]尤利乌斯·罗伯特·冯·迈耶（Julius Robert von Mayer, 1814—1878），德国生理学家、物理学家。——译注

[2]詹姆斯·普雷斯科特·焦耳（James Prescott Joule, 1818—1889），英国物理学家，在热学、热力学和电学方面均有重要贡献。——译注

础性工作都是由非专业物理学家完成的，这真是一件奇妙的巧事，他们仅仅把物理当作自己的一大爱好。其中有多才多艺的苏格兰人布莱克、德国医生迈耶，以及伟大的美国冒险家朗福德伯爵。朗福德伯爵后来住在欧洲，除了参与其他活动以外，他还成了巴伐利亚的战争部长。还有英国酿酒师焦耳，他用业余时间完成了关于能量守恒的一些极为重要的实验。

焦耳通过实验验证了热量是能量的一种形式这一猜想，并测定了转换率。我们值得来看看他的结果是什么。

一个系统的动能和势能一起构成了它的机械能。在过山车的例子中，我们猜测有一些机械能转换成了热能。如果这是正确的，那么在这里以及在所有其他类似的物理过程中，机械能与热能之间一定有一个确定的转换率（ rate of exchange ）。虽然这是一个严格意义上的定量问题，但是由于给定量的机械能可以转化为一定量的热量，这一事实是非常重要的，所以我们很想知道这个转换率有多大，即我们从一定量的机械能中能获得多少热量。

测定这个转换率有多大是焦耳的研究目标。他的一个实验的机械结构很像一个重锤驱动的钟。这种钟的上弦方式是提升两个重锤，从而增大系统的势能。如果钟没有受到其他干扰，就可以认为它是一个封闭系统。重

物理学的进化

锤渐渐下降，钟的能量也减小。在某一段时间结束时，两个重锤将到达其最低位置，而钟也将停止。钟的能量发生了什么变化？两个重锤的势能已转化为机械装置的动能，然后逐渐以热量的形式耗散了。

焦耳对这种机械装置做了一个巧妙改变，使他能够测量出热量的损失，从而求得转换率。在他的装置中，两个重锤使一个浸入水中的桨轮转动（图20）。两个重锤的势能转化为可移动部件的动能，然后转化为热能，从而使水温升高。焦耳测量出水的温度变化，然后利用已知的水的比热，计算出吸收的热量。他把许多试验的结果总结如下：

第一，物体（无论是固体还是液体）因摩擦产生的热量，总是与所消耗的力［焦耳所说的力，意思是能量］的量成正比。

第二，能使一磅水温度升高 1°F 的热量（在真空中称量，在 55°F 到 60°F 之间测温），需要消耗一个机械力［能量］，相当于 772 磅在空间中下降一英尺。

换言之，将 772 磅提高到离地面一英尺高所需的势能，相当于将一磅水的温度从 55°F 升高到 56°F 所需的

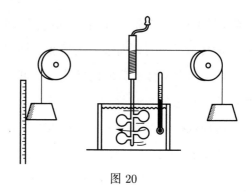

图 20

热量。虽然后来的实验者达到更高一些的精确度，但在本质上，热功当量是焦耳在他的开拓性工作中发现的。

一旦这项重要的工作完成了，进一步的进展就很快了。人们很快认识到，机械能和热量只是能量的诸多形式中的两种。任何东西如果能转化为它们中的任何一种，那就也是一种能量。太阳放出的辐射是能量，因为它的一部分在地球上转化为热能。电流具有能量，因为它使电线变热，或者使电动机的转子转动。煤是化学能的一个例子，当煤燃烧时化学能转化为热能释放。在自然界的每一个事件中，一种形式的能量总是在以某种明确的转换率转换成另一种形式的能量。在封闭系统中，即一个不受外界影响的系统中，能量是守恒的，因此表现得像一种物质。在这样一个系统中，所有可能形式的能量之和是恒定的，尽管其中任何一种形式的能量都可能在

物理学的进化

变化。如果我们把整个宇宙看作一个封闭系统，那么我们就可以自豪地与 19 世纪的物理学家们一起宣布，宇宙的能量是不变的，它的任何一部分都不会凭空产生，也不会凭空消失。

那么，我们对事物就有了两个概念：一是物质（matter），二是能量（energy）。这二者都遵循守恒定律：一个孤立系统的总质量以及总能量都不能改变。物质具有重量，而能量没有重量。因此我们有两个不同的概念和两条守恒定律。这些想法仍然需要认真对待吗？这一显然有充分根据的图像是否会因更新的发展而有所改变？它确实改变了！这两个概念的进一步变化与相对论有关。我们稍后再回来谈这一点。

哲学背景

科学研究的结果常常迫使我们对一些问题的哲学看法发生变化，而这些问题远远超出了科学本身的有限领域。科学的目的是什么？一种试图描述自然的理论需要满足什么要求？这些问题虽然超出了物理学的范围，但仍然与物理学密切相关，因为科学构成了产生这些问题的素材。哲学上的概括必须建立在科学结果的基础之上。不过，这些哲学概括一旦形成并得到广泛接受，它们就常常会指出许多可能的过程路线中的一条，以此影响科学思想的进一步发展。对被认为是正确的观点加以成功的否定，会导致意想不到的、迥然不同的发展，从而成为新的哲学方面的源泉。如果不去引用物理学史上的一些例子来加以阐明，那么这些话听起来必然含糊不清，且毫无意义。

我们将在这里尝试去描述关于科学目的的那些最初的哲学观念。这些观念极大地影响了物理学的发展，直到近百年前，新的证据、新的事实、新的理论才迫使人们抛弃这些观念，接着就形成了科学的一个新背景。

在整个科学史上，从希腊哲学到现代物理学，人们一直试图把自然现象在表面上的复杂性简化为一些简单的基本概念和关系。这是所有自然哲学的基本原则。它甚至早在原子论者的著作中就已得到了表达。二十三个世纪之前，德谟克利特[1] 写道：

> 按照惯例甜的就是甜的，按照惯例苦的就是苦的，按照惯例热的就是热的，按照惯例冷的就是冷的，按照惯例颜色就是颜色，但在实际上，存在的是原子和虚空。也就是说，感觉

---

[1]德谟克利特（Democritus，前 460—前 370），古希腊哲学家，原子唯物论的创立者。——译注

的对象应该是真实的，而且按照惯例也认为
它们是真实的，但事实上它们并不是真实的。
只有原子和虚空才是真实的。

　　这种观念在古代哲学中只不过是一种巧妙的想象虚构。希腊人并不知道将后续事件联系起来的自然定律。将理论与实验相联系的科学，实际上是始于伽利略的工作。我们已经追踪了导致运动的那些定律的一些最初线索。在两百年的科学研究进程中，在所有试图理解自然的努力中，力和物质是基本概念。不可能只想象其中的一个而不想象出另一个，因为物质要通过它对另一物质的作用而显示其作为力的一种来源的存在。

　　让我们来考虑一个最简单的例子：两个在它们之间有相互作用力的质点。最容易想象的力就是引力和斥力。在这两种情况下，力矢量都位于连接这两个质点的直线上。对简单性的要求引导我们采用质点相互吸引或排斥的图像（图 21），关于作用力方向的任何其他假设都会给出更为复杂的情况。我们能对力矢量的长度做一个同样简单的假设吗？即使我们想避免过于特殊的假设，但是我们仍然可以这样去假设：任何两个给定质点之间的力只取决于它们之间的距离，就像引力那样。这看起来

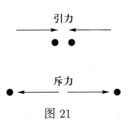

图 21

足够简单了。可以想象出更为复杂的力，比如说那些不仅取决于两质点之间的距离而且还取决于两个质点的速度的力。以物质和力作为我们的基本概念，我们很难想象出比力沿着连接质点的直线作用并且只依赖于它们之间的距离更简单的假设。但是，是否仅仅用这种力就可以描述所有的物理现象？

力学在其各个分支中取得的巨大成就，它在天文学发展中获得的惊人成功，它的观念在明显不同、非力学性质的问题上的应用：所有这一切都促使人们相信，用不可改变的物体之间的简单作用力来描述所有自然现象确实是可行的。在伽利略时代之后的两个世纪中，无论是有意识的还是无意识的，这种努力在几乎所有的科学创造中都是显而易见的。19 世纪中叶，亥姆霍兹[1] 明确

---

[1]赫尔曼·冯·亥姆霍兹（Hermann von Helmholtz, 1821—1894），德国物理学家、生理学家，在电磁辐射、感知研究和数学方面都有重要贡献。参见《数学的世界 VI——从阿默士到爱因斯坦 数学文献小型图书馆》，J. R. 纽曼编，涂泓译、冯承天译校，高等教育出版社，2018 年。——译注

地提出了这一点：

> 因此，我们最后发现，有形物质科学的问题是，要把自然现象归结为不可改变的、强度完全取决于距离的引力和斥力。这个问题的可解性是自然界完全可理解的条件。

因此，根据亥姆霍兹的看法，科学的发展路线是确定的，并严格遵循着一个不变的进程：

> 一旦把自然现象简化成一些简单的力，并且证明了这是能够简化这些现象的唯一方法，那么它的使命就会终止。

在一位 20 世纪的物理学家看来，这种观点显得愚钝而天真。一想到伟大的研究开拓这么快就可能结束，而一幅即使毫无错误但却单纯乏味的宇宙图景可能会永恒地建立起来，就会使他感到害怕。

尽管这些原则会把对所有事件的描述都简化为一些简单的力，但它们确实还留下了一个悬而未决的问题，即力应该如何依赖于距离。对于不同的现象，这种依赖关系可能是不同的。从哲学的观点来看，必须为不同的事件引入许多不同种类的力，这一点肯定是不能令人满意的。不过，这种由亥姆霍兹最清楚地提出的所谓机械观（*mechanical view*），在当时却发挥了重要作用。物质的分子运动论（kinetic theory of matter）的发展是直接受到机械观影响的最伟大的成就之一。

对于 19 世纪的物理学家们的这种观点，在目睹其衰落之前，让我们先暂时接受，看看我们能从它们对外部世界的描述中得出哪些结论。

物质的分子运动论

有没有可能用粒子通过简单的力而发生相互作用的运动来解释热现象？一个密闭容器含有一定量在一定温度下的气体——例如空气。我们通过加热升高温度，从而增大能量。但是这种热量如何与运动联系起来呢？我们暂且接受的哲学观点，以及运动产生热量的方式，这两方面都暗示了这种联系的可能性。如果所有问题都是力学问题的话，热量就必定是机械能。分子运动论的目的就是以这种方式来呈现物质的概念。根据这一理论，气体是大量粒子或分子（*molecule*）的集合，这些粒子或分子向各个方向运动，相互碰撞，并且随着每次碰撞而改变运动方向。必定存在着分子的一个平均速率，就像在一个大的人类社区中存在平均年龄或平均财富一样。因此，每个粒子都会有一个平均动能。在此容器中的热量越多，就意味着平均动能越大。因此，根据这一图像，热量并不是不同于机械能的一种特殊形式的能量，而只是分子运动的动能。对于任何一个确定的温度，每个分子都有一个确定的平均动能与之对应。事实上，这不是一个任意的假设。如果我们想对物质形成一致的力学图像，那就必须把一个分子的动能看作气体温度的一种量度。

这一理论不仅仅是想象力的发挥。可以证明，气体的分子运动论不仅与实验相符，而且实际上使我们对这些事实有了更深刻的认识。这可以用几个例子来阐明。

假定我们有一个容器，它用一个可以自由移动的活塞封住。容器中含有一定量的气体，使其保持某一恒定的温度。如果活塞一开始静止在某个位置，则可以通过减少活塞上的砝码使其向上移动，而通过增加砝码使其向下移动。为了向下推动活塞，就必须施加力来对抗容器内气体的内部压强。根据分子运动论，这一内部压强的机理是什么？构成气体的大量粒子向各个方向运动。它们撞击器壁和活塞，像扔到墙上的球一样反弹回来。大量粒子的连续不断的撞击，与向下作用在活塞和砝码上的重力对抗，从而使活塞保持在一定高度。在一个方向上，存在着一个恒定的引力，而在另一个方向上，有来自分子的许多无规则撞击（图22）。如果要保持平衡，那么所有这些微小的不规则力对活塞的净作用必须等于重力的净作用。

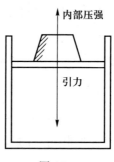

图 22

倘若向下推动活塞，使气体压缩到原来体积的一部分，比如说压缩到原来的一半，同时保持其温度不变。根据分子运动论，此时我们能期望发生什么？由于撞击而产生的力的有效程度会比以前高还是低？粒子现在更紧密了。虽然平均动能不变，但粒子与活塞的碰撞现在将更频繁地发生，因此总作用力将更大。从分子运动论呈现的这一图像可以清楚地看出，要使活塞保持在这个较低的位置，就需要更多的砝码。这个简单的实验事实是众所周知的，但从物质的分子运动论观点出发可以从逻辑上预言这一事实。

考虑另一个实验。取两个容器，里面装有相同体积的不同气体，比如氢气和氮气，它们的温度相同。假设这两个容器用相同的活塞封闭，活塞上放有相等的砝码。简而言之，这意味着这两种气体的体积、温度和压强都相同。由于温度相同，因此根据分子运动论，每个粒子的平均动能也就相同。由于压强相等，因此两个活塞受到的总作用力就相同。平均而言，每个粒子携带相同的能量，而两个容器具有相同的体积，因此，尽管这两种气体在化学上是不同的，但每个容器中的分子数必定相同。这个结果对于理解许多化学现象是非常重要的。这意味着在一定的温度和压强下，给定体积内的分子数不是某一特定气体所具有的一个特征，而是所有气体共有的一个特征。最令人吃惊的是，分子运动论不仅预言了存在着这样一个普适常数，而且使我们能够确定它。我们很快就会回来讨论这一点。

物质的分子运动论对实验所确定的那些气体定律不仅给出了定性的解释，还给出了定量的解释。此外，尽管该理论的最大成功是在气体领域，但它并不局限于气体。

降低温度可使气体液化。物质温度的下降意味着其粒子的平均动能减小。因此很明显，液体粒子的平均动能要小于相应气体粒子的平均动能。

液体中的粒子运动最初由所谓的布朗运动（*Brown-*

ian movement）惊人地表现出来。如果没有物质的分子运动论，那么这种非凡现象至今仍然会是相当神秘和不可理解的。植物学家布朗[1] 首先对它进行了观察，80 年后，也就是 20 世纪初，这一现象得到了解释[2]。观察布朗运动所需要的唯一仪器是一台显微镜，而这台显微镜甚至不需要特别好。

布朗当时正在研究某些植物的花粉粒，即：

> 一些异常巨大的颗粒，长度从千分之四英寸到千分之五英寸不等。

他进一步报告说：

> 在细查这些浸没在水中的粒子的形态时，我观察到其中许多粒子明显在运动……经过反复观察，使我确信的是，这些运动既不是由流体的流动产生的，也不是由流体的逐渐蒸发产生的，而是属于粒子本身的。

---

[1]罗伯特·布朗（Robert Brown, 1773—1858），英国植物学家。——译注

[2]爱因斯坦在"分子大小的测定"和"布朗运动"这两方面有极大贡献。参见《爱因斯坦奇迹年——改变物理学面貌的五篇论文》，约翰·施塔赫尔主编，范岱年、许良英译，上海科技教育出版社，2007 年。——译注

布朗观察到的是悬浮在水中并通过显微镜可见的颗粒的不断扰动（图I.1）。这是一幅令人印象深刻的景象！

选取特定的植物是否对这一现象至关重要？布朗用许多不同的植物重复了这个实验，从而对这个问题给出了回答。他发现，所有的颗粒，如果足够小，当它们悬浮在水中时，都会表现出这样的一种运动。此外，他用有机物和无机物的微小颗粒，也发现了同样的这种永不宁静、不规则的运动（图I.2）。即使是用一块研磨得粉碎的狮身人面像碎片，他也观察到了同样的现象！

如何解释这种运动？这看来与以往所有的经验都是矛盾的。比如说，每隔30秒检查一个悬浮粒子的位置，就会揭示出它的奇妙轨迹（图I.3、图I.4）。令人惊叹的是，这种运动看来是无休止的。将一个摆动的摆锤放置于水中，如果不给它某种外力的推动，那么它很快就会停下来。存在着一个永不衰减的运动似乎与我们的所有经验都是相反的。物质的分子运动论却完美地解释了这一困难。

即使通过最高倍的显微镜来观察水，我们也看不到由物质的分子运动论所描绘的分子及其运动。由此必须得出这样的结论：如果水作为粒子集合的这一理论是正确的，那么这些粒子的大小必定超出了最好的显微镜的

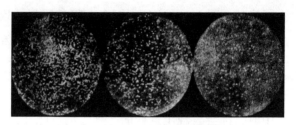

图 I.1：通过显微镜看到的布朗粒子

图 I.2：针对一个表面通过长时间曝光拍摄到的一个布朗粒子

图 I.3：观察到的一个布朗粒子的相继位置

图 I.4：从这些相继位置得出的平均路径

能见限度所及。尽管如此，让我们还是信守这一理论，并假设它给出了描述现实的一个一致的图像。通过显微镜可观察到的布朗粒子受到构成水本身的较小粒子的撞击。如果这些撞击粒子足够小，就会存在布朗运动。它能够存在是由于这种撞击对各个方面而言并非都是均匀的，而且由于这些撞击的不规则性和偶然性而无法达到平衡。因此，观察到的运动是不可观察运动的结果。大粒子的行为在某种程度上反映了水分子的行为，可以说是构成了一种放大作用，其放大作用如此之大，以至于通过显微镜就可以看到水分子的运动了。布朗粒子的路径的不规则性和偶然性反映了构成物质的较小粒子的路径有类似的不规则性。我们由此可以理解，对布朗运动做一个定量研究可以使我们对物质的分子运动论有更深刻的认识。很明显，可见的布朗运动取决于不可见的撞击分子的大小。如果撞击分子不具有一定的能量，或者换句话说，如果它们没有质量和速度，那就根本不会有什么布朗运动。因此，对布朗运动的研究能够使我们确定一个分子的质量，这并不令人惊讶。

经过艰辛的理论和实验研究，分子运动论的一些定量特征形成了。起源于布朗运动这一现象的线索是导致定量数据的线索之一。从不同的线索出发，以不同的方法，可以获得同样的数据。所有这些方法都支持同一观点，这一事实是极为重要的，因为它表明了物质的分子运动论的内在一致性。

这里只会提到由实验和理论得出的许多定量结果中的一个。氢是最轻的化学元素，现假设我们有一克氢气，而问：在这一克氢气中有多少个粒子？这个问题的答案不仅刻画了氢的特征，而且也适用于所有其他气体，因为我们已经知道在什么状态下，两种不同的气体会具有相同的粒子数。

分子运动论使我们能够通过对悬浮粒子布朗运动的某些测量来解答这个问题。其答案是一个大得惊人的数：一个 3 后面跟着另外 23 位数字！即一克氢气中的分子数是

$$303000000000000000000000。$$

想象一下，将一克氢中的各分子的尺寸都增大到可以通过显微镜看到的程度，比如说，假设使每个分子的直径变成千分之五英寸，就像一个布朗粒子的直径那么大。那么，为了把它们紧密地包装起来，我们必须要用一个每边大约有四分之一英里[1] 长的盒子！

----

[1]大约相当于 0.4 千米。——译注

物理学的进化

我们用 1 除以上面所说的那个数，就可以很容易地计算出一个这样的氢分子的质量。这样得出的数是一个非常小的数：

0.000000000000000000000000033 克，

这是一个氢分子的质量。

关于布朗运动的这些实验，只是确定这个数（它在物理学中起着十分重要的作用）的许多独立实验中的一部分。

在物质的分子运动论之中以及它的所有重要成就之中，我们看到了下面这个普适哲学方案的实现：将所有现象的解释简化为物质粒子之间的相互作用。

我们来总结一下：

> 在力学中，如果运动物体的目前状态和作用于它的力是已知的，那么它未来的轨迹就是可以预测的，而它的过去也是可以揭示的。因此，例如所有行星未来的路径都是可以预见的，在其中起作用的力是仅取决于距离的牛顿引力。经典力学的一些伟大成果表明，机械观可以同样一致地应用于物理学的所有分支，所有现象都可以通过表示引力或斥力的

作用来得到解释，而这些力仅取决于不可改变的粒子之间的距离和作用。

在物质的分子运动论中，我们看到这种从力学问题中产生的观点如何涵盖了各种热现象，以及它如何给出了对物质结构的成功描述。

物理学的进化

2. 机械观的衰亡

两种电流体

下面几页对于一些非常简单的实验做了一个单调无味的回顾。这一叙述会比较枯燥，不仅是因为对实验的描述要比实际去做这些实验无趣得多，还因为这些实验本身的意义只有到有了理论才变得明显。我们的目的是为说明理论在物理学中的作用而提供一个显著的例子。

1. 一根金属棒被支撑在一块玻璃底座上，金属棒的每一端都通过电线与一个验电器相连。验电器是什么？这是一种简单的装置，本质上就是两片金箔悬挂在一小段金属的末端。这些都封存在一个玻璃罐或烧瓶里，并且这些金属只接触非金属物体（称为绝缘体）。除了验电器和金属棒以外，我们还配有一根硬橡胶棒和一块绒布（图 23）。

实验是这样做的：我们观察一下两片金箔悬挂时是不是合拢的，因为这是它们的正常位置。如果它们碰巧没有合拢，那么用手指碰一下金属棒，就会使它们合拢。

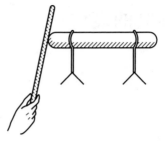

图 23

在完成这些预备步骤之后，用绒布用力摩擦橡胶棒，然后将橡胶棒与金属接触。两片金箔立即张开了！即使取走橡胶棒，它们仍保持着张开的状态。

2. 我们再来做另一个实验，使用与前一个实验相同的仪器，仍然从两片金箔合拢的情况开始。这一次，我们不将被摩擦过的橡胶棒实际接触到金属，而只是放到它附近。两片金箔又张开了。但是有一个区别！当橡胶棒在没有接触到金属的情况下被挪开后，两片金箔会立即落回到它们的正常位置，而不是保持张开的状态。

3. 为了做下面的第三个实验，让我们稍微改变一下仪器（图 24）。假设金属棒是由连接在一起的两部分组成的。我们用绒布摩擦橡胶棒，再将它靠近金属。同样的现象再次发生，两片金箔张开了。但现在让我们把金属棒分成两个分开的部分，然后再把橡胶棒取走。我们注意到，在这种情况下，这两片金箔会保持张开的状态，而不是像第二个实验中那样落回到它们的正常位置。

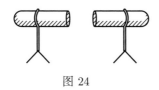

图 24

人们很难对这些简单而稚拙的实验表现出热情的兴趣。在中世纪，做这些实验的人可能会受到谴责；在我们看来，这些实验既枯燥又不合逻辑。如果只看一遍上面的叙述，那么你很难重复这些实验而不被搞糊涂。有一些理论概念会让我们理解这些结果。我们可以再多说一句：如果事先没有对这些实验的意义有或多或少的明确想法，那么我们很难想象通过偶然为之就把它们做出来。

有一种非常简单而稚拙的理论解释了以上描述的所有事实，我们现在来指明这一理论的那些基本思想。

存在两种电流体，一种称为正（＋），另一种称为负（－）。它们有点类似于前面已经解释过的那种意义上的物质，因为它们的量可以增加或减少，而在任何孤立系统中它们的总量却保持不变。不过，这种情况与热量、物质或能量的情况有一个本质的区别。我们有两种电物质。这里不可能使用之前的货币的类比了，除非以某种方式对其加以推广。如果一个物体的正负电流体恰好相互抵消，那么这个物体就是电中性的。一个人一无所有，要么是因为他真的什么都没有，要么是因为他存放在保险箱里的钱与他欠下的债务恰好相等。我们可以把他分类账目上的借贷两栏比拟为这两种电流体。

该理论的下一个假设是，两种相同类型的电流体相互排斥，而两种相反类型的电流体相互吸引。这可以用下面的图形（图25）表示为：

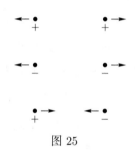

图 25

最后一条理论假设是必要的：存在着两类物体，一类是电流体在其中可以自由运动的物体，称为导体（*conductor*），另一类是电流体在其中不能自由运动的物体，称为绝缘体（*insulator*）。正如在这样的一些情况下总会是正确的那样，我们不必把这种划分看得太严格。理想的导体或绝缘体都只是一种永远无法实现的理性情况。金属、地球、人体都是导体的例子，虽然它们的导电性能并不同样好。玻璃、橡胶、瓷器等都是绝缘体。空气只在通常情况下是绝缘体，每个看过上述实验的人都知道这一点。如果静电实验的结果糟糕，那么将其归咎于空气的湿度总是一个很好的借口，这是因为空气的湿度增加了空气的导电性。

这些理论假设已足以解释上述三个实验了。我们将按照之前的顺序再次讨论它们，但这一次要从电流体理论的观点来加以讨论。

1. 橡胶棒和正常情况下的其他物体一样，是电中性的。它含有等量的正负两种电流体。我们用绒布摩擦把它们分开。这样说纯粹是一种习惯上的说法，因为这是在用该理论所创造的术语来描述摩擦过程。橡胶棒后来所具有的这种多余的电被称为负电，这个名字当然只是一个约定俗成。如果用一根在猫的毛皮上摩擦过的玻璃棒来进行实验，我们就应该称玻璃棒所具有的这种多余的电为正电，以符合公认的约定。为了进行实验，我们通过橡胶棒接触金属导体，从而使电流体转移到金属导体上。电流体可以在金属导体中自由移动，分散在整个金属上，包括两片金箔。由于负电与负电之间的作用是相互排斥的，因此两片金箔就尽可能地彼此远离，结果就是我们观察到它们张开了。金属放置在玻璃或其他绝缘体上，于是只要空气的导电性微弱，电流体就会留在导体上。我们现在明白了为什么在开始实验之前必须先接触金属。在这种情况下，金属、人体和地球形成了一个巨大的导体，电流体被如此稀释，以至于验电器上几乎什么电流体都没留下。

2. 这个实验一开始与前一个实验完全一样。但现在不允许橡胶棒再接触金属，而是将其放置在金属附近。由于导体中的两种电流体可以自由移动，因此它们相互分离，一种被吸引，另一种被排斥。当橡胶棒被取走后，它们又会再次混合，这是因为相反种类的电流体会相互吸引。

3. 现在我们把金属分成两部分，然后再取走橡胶棒。在这种情况下，两种电流体无法再混合，于是两片金箔上就分别保留了一种电流体的多余量，从而保持张开的状态。

根据这种简单的理论，这里提到的所有事实看来都可以理解了。这一理论所能解释的不仅于此，它不仅能够使我们理解这些，还能理解"静电学"领域的许多其他事实。每一种理论的目标都是为了指导我们找到新的事实，提出新的实验，并引导我们发现新的现象和新的规律。举一个例子就可以说明这个问题。想象对第二个实验做一个变化。假设我把橡胶棒放置在金属附近，同时用我的手指触摸导体。现在会发生什么？理论给出的答案是：被排斥的电流体（－）现在可以通过我的身体逃逸，结果只剩下一种电流体，即正的电流体。只有靠近橡胶棒的那个验电器的两片金箔会张开（图 26）。实际的实验证实了这一预言。

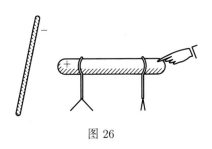

图 26

　　从现代物理学的观点来看，我们正在论述的理论无疑是稚拙的、不充分的。不过，这是一个很好的例子，因为它表明了所有物理理论的典型特征。

　　在科学中没有永恒的理论。经常会发生的是，一种理论所预言的某些事实会被实验所否定。每一种理论都有其逐步发展和取得成功的阶段，在此之后可能会经历一个迅速衰落的时期。这里已经讨论过的热质说，它由兴盛到衰亡就是许多可以举出的例子中的一个。还有其他一些更深刻、更重要的例子，将在后文中讨论。科学中的几乎每一次重大进步都源于旧理论的一次危机，是通过努力寻找出路来摆脱这种危机所造成的困难而作出的。尽管那些旧观念、旧理论属于过去，但我们仍然必须审视它们，因为这是理解新观念、新理论的重要性及其有效性的唯一途径。

在本书的开头几页，我们将研究者的角色比拟为侦探的角色。侦探在收集到了必要的事实之后，通过纯粹的思考找到正确的解答。这种比拟在一个要点上必须被认为是非常肤浅的。无论是在真实情况中还是在侦探小说中，罪行都是已知的。虽然此时侦探必须去搜寻信件、指纹、子弹、枪支，但至少他知道一起谋杀案已经发生了。对于一位科学家来说可不是这样。应该不难想象有些人对电完全一无所知，因为所有古时的人都在对电一无所知的情况下十分愉快地生活着。给任何一个人金属、金箔、瓶子、硬橡胶棒、绒布，简而言之，就是给他做我们的三个实验所需的所有材料。他可能是一个非常有教养的人，但他很可能会用瓶子去装酒，用绒布去搞清洁，却一次也没想到过要做我们描述的那些事情。对于侦探来说，罪案是给定的，这时的问题是：谁杀死了知更鸟[1]? 科学家在进行调查的同时，至少在一定程度上自

---

[1]这里借用著名的英文童谣《谁杀死了知更鸟》（Who Killed Cock Robin）。——译注

己还得去犯一下罪。此外，他的任务不是仅仅解释一个案例，而是解释已经发生或仍然可能发生的所有现象。

在引入电流体概念时，我们看到了那些力学观念的影响，这些观念试图通过物质以及作用在它们之间的一些简单的力来解释一切。要看这种机械观能否用来描述电的现象，我们必须考虑以下问题。给定两个小球，两个小球都带有一定的电荷，即两个小球都带有一种电流体余量。我们知道这两个球要么相互吸引，要么相互排斥。但这个力是否仅仅取决于距离？如果是这样的话，这种定量关系又是怎样的？最简单的猜测似乎是，这个力与距离的关系如同引力那样：比如说，如果距离是原来的三倍，那么引力就会减弱为原来的九分之一。库仑（Coulomb）所完成的实验证明了这一定律确实成立。在牛顿发现万有引力定律的一百年之后，库仑发现了电力对于距离的一个类似关系。牛顿定律和库仑定律的两个主要区别是：万有引力总是存在的，而电力仅当作用的物体带有电荷时才存在。在万有引力的情况下，只有引力，而电力可以有引力，也可以有斥力。

我们在考虑有关热的问题时提出的那个问题，在这里又出现了，电流体是没有重量的，还是有重量的物质？换句话说，一块金属中性时和带电时，重量是一样的吗？

我们的天平显示两者没有差别。我们得出结论,两种电流体也是没有重量的物质家族的成员。

为了电学理论的进一步发展,就需要引入两个新概念。同样,我们将避免去下严格的定义,而是使用与我们已经熟悉的那些概念的类比。我们记得,为了理解热量的现象,将热量本身与温度区分开来是何等的重要。在这里,区分电势和电荷同样重要。通过类比,这两个概念之间的区别就很清晰了:

电势 — 温度

电荷 — 热量

两个导体,例如两个大小不同的导体球,可能具有相同的电荷,即具有相同余量的一种电流体,但是两球的电势在这两种情况下会不同,较小导体球的电势较高,较大导体球的电势较低。在小的导体上,电流体会具有更大的密度,因此压缩得更紧密。由于斥力必定随着密度的增大而增大,所以在较小导体球的情况下,电荷逃逸的趋势要比在较大导体球的情况下更大。电荷从导体中逸出的趋势是其电势的一个直接度量。为了清楚地说明电荷和电势之间的区别,我们将构想出几个句子来描述被加热物体的行为,而用对应的句子来描述带电导体。

热	电
一开始处于不同的温度的两个物体，接触一段时间后达到相同的温度。	一开始处于不同电势的两个相互绝缘的导体，如果将它们接触，就会迅速达到相同的电势。
给两个热容不同的物体等量的热量，会使它们发生不同的温度变化。	给两个电容不同的物体等量的电荷，会使它们发生不同的电势变化。
与物体接触的一支温度计通过其水银柱的长度来指明其自身的温度，从而指明了该物体的温度。	与导体接触的验电器通过两片金箔的张开来指明其自身的电势，从而也指明了该导体的电势。

但这种类比不能用得过分。有一个例子不仅说明了热与电两者的相似之处，还说明了它们的不同之处。如果一个热的物体与一个冷的物体接触，那么热量就会从热的物体流向冷的物体。另一方面，假设我们有两个绝缘的导体，它们带有等量但相反的电荷，一个带正电荷，另一个带负电荷。两者的电势是不同的。按照约定，我们认为负电荷所对应的电势比正电荷所对应的电势要低。如果使这两个导体相互接触，或者用一根导线相连，那么根据电流体理论，它们将不表现出电荷，因此就没有电势差。我们必须想象在两者的电势趋于相等的这段很短时间内，电荷从一个导体"流动"到另一个导体。但这个过程是怎样的？是正电流体流向带负电的导体，还

是负电流体流向带正电的导体？

在这里所提供的材料中，我们还没有在这两种选择之间作出决定的依据。我们可以假设这两种可能性中的任何一种，也可以假设电荷的流动是同时发生在两个方向上的。这只是一个采用哪个约定的问题，而不能对作出的这一选择附加任何意义，因为我们并不知道从实验上得出这个问题的解答的任何方法。进一步的发展导致了一种更为深刻的电学理论，从而为这一问题提供了答案。若想用简单原始的电流体理论来构想出这个问题的答案，那将会是毫无意义的。在这里，我们将简单地采用以下表达方式。电流体从电势较高的导体流向电势较低的导体。因此就我们两个导体的情况而言，电就从带正电的导体流向带负电的导体（图 27）。这种说法只是一种习惯上的用法，到此时还是相当任意的。这里的所有困难表明，热与电之间的类比绝不是完整的。

图 27

我们已经看到了用机械观来描述静电学的一些基本事实的可能性。在磁现象的情况中，我们也可以这样去做。

磁流体

在这里，我们会像之前一样，从一些非常简单的事实开始，然后寻求它们在理论上的解释。

1. 我们有两根长条形磁铁，其中一根在其中心点自由悬挂，另一根拿在手里。将两根磁铁的两端如此靠近，以致能注意到它们之间有很强的吸引力（图 28）[1]。这总是可以做到的。如果没有发现吸引力，那么我们就必须转动磁铁，尝试将它的另一端靠近。只要这两根磁铁是有磁性的，就会发生些什么。磁铁的两端称为磁极（pole）。我们把这个实验继续做下去：把拿在手里的磁铁的一个磁极沿着悬挂着的那根磁铁移动。我们会注意到引力随之减小，而当磁极到达悬挂磁铁的中间时，就完全没有任何力的迹象了。如果磁极沿同一方向继续移动，就会观察到斥力，该斥力在悬挂磁铁的另一磁极处达到其最大强度。

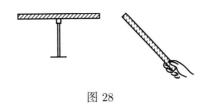

图 28

---

[1]图中左边所示的磁铁被支在了一个架子的中点，与文字描述不一致，但这两种放置方式都可得到下文的实验结果。——译注

2. 上面这个实验又引出了另一个问题。每根磁铁有两个磁极。难道我们不能将其中一个磁极分离出来吗？想法很简单：只要把磁铁分成两个相等的部分。我们已经看到，一根磁铁的磁极与另一根磁铁的中间是没有作用力的。但是实际上将磁铁断开的结果却令人惊讶和意外。如果我们重复 1 中描述的实验，只不过现在只悬挂半根磁铁，其结果与之前完全相同！之前完全没有磁力迹象的地方，现在出现了一个很强的磁极。

如何才能解释这些事实呢？我们可以仿效电流体理论，尝试着去建立一种关于磁的理论。提示我们这样做的是以下事实：与静电现象中一样，在磁现象中也有引力和斥力。假设两个球形导体具有相等的电荷，一个带正电，另一个带负电。这里的“相等”是指具有相同的绝对值；例如，+5 和 −5 具有相同的绝对值。让我们假设这两个导体球通过一个绝缘体（如玻璃棒）连接起来。我们可以示意性地将这一构形表示为一个箭头，箭头从带负电的导体指向带正电的导体（图 29）。我们将这一个整体，称为一个电偶极子（dipole）。很明显，两

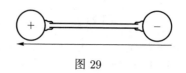

图 29

　　　　　　　　　　物理学的进化

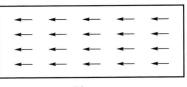

图 30

个这样的偶极子的行为会与实验 1 中的两根条形磁铁完全一样。如果我们把这一发明看作一根真实磁铁的模型，那么在假设存在磁流体的情况下，我们可以说，一根磁铁只不过是一个磁偶极子（*magnet dipole*），在其两端有两种不同的电流体。这种模仿电学理论的简单理论足以解释第一个实验。一端有引力，另一端有斥力，中间有等大且反向的力相互平衡。但是第二个实验的情况又如何呢？在电偶极子的情况下，通过敲断玻璃棒，我们会得到两个孤立的极。看成磁偶极子的铁棒也应该同样如此吧，但这就与第二个实验的结果相反了。因此，这个矛盾迫使我们引入一种更为微妙的理论。与我们之前的模型不同，现在我们可以想象磁铁是由非常小的一些基本（*elementary*）磁偶极子组成的，这些基本磁偶极子不能被分成单独的磁极。作为一个整体而言，磁铁中具有显著的有序性，这是因为所有的基本偶极子都指向同一方向（图 30）。我们立刻明白了，为什么切割一块磁铁会导致在两个新的端出现两个新的磁极，以及为什么这种更精细的理论可以解释实验 1 和实验 2 的那些事实。

对于许多事实而言，比较简单的那种理论就能给出解释了，这种改进的理论似乎并不必要。让我们来举个例子：我们知道磁铁能吸引铁块。什么原因？在一块普通的铁中，两种磁流体混合在一起，因此不会产生净效应。将一个正极靠近，就像是对磁流体下了一个"分离命令"，吸引铁块中的负磁流体，排斥铁块中的正磁流体。铁块和磁铁之间的吸引力随之产生。如果取走磁铁，那么两种磁流体会或多或少地恢复到它们原来的状态，恢复的程度取决于它们对外力的命令声的记忆程度。

关于这个问题的定量方面几乎不必说。我们可以用两根很长的磁化棒，研究当它们相互靠近时，它们的磁极之间的引力（或斥力）。如果这两根棒足够长，那么棒的另一端的影响就可以忽略不计。引力或斥力对两极之间的距离的依赖关系是怎样的？库仑的实验给出的答案是，这种对距离的依赖关系与牛顿的万有引力定律以及库仑的静电定律是一样的。

在这个理论中，我们再次看到了一个普适观点的应用：倾向于用引力和斥力来描述所有的现象，而这些引力和斥力仅取决于不可改变的粒子之间的距离和作用。

有一个众所周知的事实应该提一下，因为我们以后将用到它。地球是一个巨大的磁偶极子。至于为什么会是这样，我们完全无法给出解释。北极可近似地看成地球的负（－）磁极，南极近似地看成地球的正（＋）磁极。这里使用的加号和减号只是一个惯例问题，但一旦确定下来，我们就可以在任何其他情况下指定磁极。安放在一根竖直轴上的一枚磁针受地球磁力命令的控制。它将其（＋）极指向北极，也就是指向地球的（－）磁极。

虽然我们可以在这里介绍的电现象和磁现象的领域中始终如一地贯彻机械观，但没有理由对此特别地感到得意或高兴。这一理论的某些特点即使不说令人沮丧，也肯定不能令人满意。为此我们不得不发明一些新的物质：两种电流体和基本磁偶极子。大量的新物质开始令人不知所措！

各种力都很简单。它们可以用类似于表示引力、电力和磁力的方式来予以表示。但为这种简单化所付出的代价是高昂的：要引入各种新的无重量物质。这些都是相当人为的概念，与我们的基本物质（即质量）毫无关系。

2. 机械观的衰亡

第一个严重困难

我们现在已准备就绪，来指出在应用我们的普适哲学观点中的第一个严重困难。我们将在稍后看到，这一困难，再加上另一个更严重的困难，导致了所有现象都可以用机械观来解释这一信念的彻底崩溃。

作为科学和技术的一个分支的电学，它的巨大发展始于电流的发现。在这里，我们碰上了在科学史中偶然事件似乎起了关键作用的极少数事例之一。青蛙腿抽搐的故事有许多不同的说法。不管关于其细节的真相如何，毫无疑问的是，伽伐尼（Galvani）的偶然发现导致了伏特（Volta）在 18 世纪末造出了现在所谓的伏打电池（*voltaic battery*）。这种电池如今已不再具有任何实际用处，但当前在学校演示和教科书描述中，它仍然对电流的来源提供了一个非常简单的例子。

其构造原理很简单。有数个平底玻璃杯，每个玻璃杯里都装有水和少量硫酸。每个玻璃杯中都有两块金属板浸泡在溶液中，一块是铜板，另一块是锌板。每个玻璃杯中的铜板都与下一个玻璃杯中的锌板相连，因此只有第一个玻璃杯中的锌板和最后一个玻璃杯中的铜板仍未连接。如果构成电池的"元电池"（即带有金属板的玻璃杯）的数量足够大，我们可以用一个相当灵敏的验电器来检测出第一个玻璃杯中的铜板与最后一个玻璃杯中的锌板之间的电势差。

我们介绍了一组由多个元电池组成的电池，目的只是为了用上述仪器来获得某个容易测量的量。对于进一步讨论而言，单独一个元素也可以起到完全一样的作用。结果发现，铜的电势比锌的电势高。这里用"比……高"的意思是 $+2$ 大于 -2。如果一个导体连接到未连接的铜板上，另一个导体连接到未连接的锌板上，那么这两个导体都会带电，第一个带正电，另一个带负电。到目前为止，还没有什么特别新的或引人注目的东西出现，我们仍可以试着应用我们以前关于电势差的那些观点。我们已经得知，将两个电势不等的导体用导线连接，它们之间的电势差就可以迅速消除，以致有电流从一个导体流到另一个导体。这个过程类似于通过热量流动来均衡温度。但是这在伏打电池的情况下还行得通吗？伏特在报告中写道，这些金属板所起的作用就像导体一样：

> ……微弱地充电了，这一作用不断地发生，或者说结果是：每次放电后又充电而使电池重又恢复。简而言之，电池提供了无限的电

荷，或者电池对电流体施加了一个永久的作
用力或冲力。

　　他的实验得出了惊人的结果：铜板与锌板之间的电
势差并不像两个带电导体通过导线连接时那样地消失。
这一电势差一直存在，而根据电流体理论，这必定会导
致电流体从高电势（铜板）到低电势（锌板）的持续流
动。为了试图挽救电流体理论，我们可以假设有某个恒
力作用，于是重新产生电势差，并导致电流体的流动。但
从能量的角度来看，这整个现象是令人吃惊的。在通电
导线中会产生相当可观的热量，如果导线很细，这一热
量甚至足以将其熔化。因此，热能在导线中被产生出来。
但由于没有外部能源供应，整个伏打电池构成了一个孤
立系统。如果我们想挽救能量守恒定律，就必须找出这
种能的转换发生在何处，以及产生这些热量是用什么换
来的。不难认识到，电池中正在发生着一些复杂的化学
过程，液体本身以及浸没在其中的铜和锌都活跃地参与
了这些过程。从能量的观点来看，这是正在发生的下列
一系列转换：化学能 → 流动的电流体的能量（即电流）
→ 热量。伏打电池不会永远保持良好状态，产生电流的
各种化学变化会使得电池在使用一段时间后失灵。

下面这个实验实际地揭示了应用机械观思想的一些巨大困难,第一次听到这个实验的人一定会觉得不可思议。大约一百二十年前,奥斯特(Oersted)进行了这一实验。他在报告中写道:

> 这些实验似乎表明,磁针借助于伽伐尼装置转离了原来的位置,并且这发生在伽伐尼电路闭合时,而不是发生在伽伐尼电路断开时。几年前某些非常著名的物理学家在后一种情况下作了尝试,但未果。

假定我们有一组伏打电池和一根导线。如果导线与铜板相连,但不与锌板相连,那就会有一个电势差,但不可能有电流流过。假设将这根导线弯成一个圆,在其圆心处放置一枚磁针,导线与磁针处于同一平面上。只要导线不与锌板接触,那就什么都不会发生。此时没有任何力的作用,存在的电势差对这枚磁针的位置不会产生任何影响。那些被奥斯特称为"非常著名的物理学家们"为什么期望会对磁针的位置产生影响,这一点似乎很难理解。

不过,现在让我们把导线与锌板相连。一件不可思议的事立刻发生了。磁针转离了原来的位置。如果用本书页代表圆所在的平面，那么磁针的一个极现在指向读者（图31）。这是由于有一个垂直于该平面的力作用在该磁极上而造成的效应。面对这一实验事实，我们几乎无法不去对这个力作用的方向得出这样一个结论。

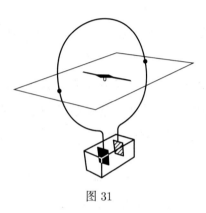

图 31

这个实验很有趣，首先是因为它展示了两个表面上看来完全不同的现象（磁和电流）之间的关系。还有一个更为重要的方面。磁针的两个磁极与通过电流的导线各小段之间的力，不可能沿着连接各段导线与磁针的各直线，或者说不能沿着连接流动的电流体粒子与两个基本磁偶极子的各直线。作用力垂直于这些直线！根据我们的机械观论点，我们曾企图将外部世界中的所有作用都简化为一种力，而这是第一次出现了一种与之完全不同的力。我们记得，遵循牛顿定律和库仑定律的引力、静电力和磁力，它们的作用都沿着连接两个吸引或排斥物体的那条直线。

近 60 年前，罗兰[1]以高超的技巧进行了一项实验，使这一困难更加突出了。撇开技术上的细节不谈，这个实验可以描述如下。想象一个带电小球。进一步想象这个小球沿着一个圆飞快地运动，而在这个圆的圆心处放有一枚磁针（图 32）。从原理上讲，这和奥斯特的实验是一样的，唯一的区别是，在这里我们用一个由机械运动产生的运动电荷代替了平常的电流。罗兰发现，这一实验的结果确实与用圆导线有电流流过时所观察到的结果相似。磁针受到一个垂直的力而发生偏转。

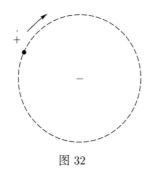

图 32

[1]H. A. 罗兰（H. A. Rowland, 1848—1901），美国物理学家，1875 年起任约翰斯·霍普金斯大学教授。他指导研究生 E. H. 霍尔（E. H. Hall）发现了霍尔效应，他对科学的最大贡献是 1882 年开始研制的衍射光栅。——译注

现在让我们加快电荷的运动。其结果是，作用于磁极上的力增大，它与初始位置的偏离变得更加明显。这一观察结果显示了另一个严重的难题。不仅这个力的方向不是沿着连接电荷与磁体的那条直线，而且该力的强度还与电荷的速度有关。整个机械观是基于这样一种信念：所有现象都可以用力来解释，而这里的力只取决于距离，不取决于速度。罗兰的实验结果无疑动摇了这一信念。不过，我们还可能选择保守的做法，在旧观念的框架内寻求解决问题的方法。

这种困难——在一种理论的成功发展中突如其来的和意想不到的绊脚石，在科学中经常出现。有时，对旧思想进行简单的推广似乎是一条不错的出路，至少暂时是这样。例如，在目前的情况下，拓展先前的观点，在基本粒子之间引入更多普适的力，似乎就足够了。然而，在很多情况下，草草修补一种旧理论是不可能做到的，种种困难会导致它的衰亡和一种新理论的崛起。在这里，还不仅是一枚微小的磁针的行为打破了看起来根基牢固的、成功的机械观理论。还有另一个非难来自一个完全不同的方面，它甚至更为凶猛。但这是另一个故事，我们稍后再讲。

光速

在伽利略的《两门新科学》（*Two New Sciences*）中，我们听到了大师萨格雷多和他的学生们关于光速的下面这段对话：

> 萨格雷多（Sagredo）：但是我们应当认为光速是什么样的，有多大？它是瞬时或立刻的，还是像其他运动一样，需要时间？我们不能通过实验来判定这个问题吗？

> 辛普里西奥（Simplicio）：日常体验表明光的传播是瞬时的；因为当我们看到远处有一门大炮发射时，闪光不需要时间就会立即到达我们的眼睛，但炮声要经过一段可以觉察到的间隔之后才会传到耳朵。

> 萨格雷多：好吧，辛普里西奥，从这一熟悉的体验中，我唯一能推断出的是，声音传到我们耳朵的过程比光传播得慢。它并没有告诉我光的到来是瞬时的，还是尽管非常迅速，但仍然占用时间……

> 萨尔维亚蒂（Salviati）：这些和其他的一些类似的观察所引出的小小结论曾引导我设

计出一种方法，我们用这种方法可以准确地确

　　定光照，即光的传播，是否真的是瞬时的……

　　萨尔维亚蒂接下去解释了他的实验方法。为了理解他的观点，让我们设想光速不仅是有限的，而且很小，光的运动被减慢了，就像在放慢动作电影那样。A 和 B 两人提着被遮住的灯笼，站在距离对方一英里的地方。第一个人 A 打开他的灯笼。两人已经达成协议，B 一看到 A 的光就打开他的灯笼。让我们假设，在我们的"慢动作"中，光每秒传播一英里。A 打开了他的灯笼，这就发出了一个信号。B 在一秒钟后看到它，并发出一个应答信号。A 在发出他自己的信号后两秒钟收到了这个应答信号。这就是说，如果光以 1 英里/秒的速率传播，并假设 B 在一英里之外，那么 A 在发送和接收信号之间会有两秒的一个间隔。反过来，如果 A 并不知道光的速度，但假设他的同伴遵守了约定，并且他在打开他的灯笼两秒钟后注意到 B 的灯笼打开了，那么他就可以得出光速是 1 英里/秒的结论。

　　以当时可用的实验技术而言，伽利略几乎没有用这种方法测出光速的可能性。如果相隔的距离是一英里，那么他就必须测出十万分之一秒数量级的时间间隔！

伽利略阐明了确定光速的问题，但没有实际解决。一个问题的表述往往比解答它更重要，因为解答一个问题可能仅仅是一个数学技巧或实验技巧的问题。然而，提出新的问题、新的可能性，从新的视角去看待老的问题，就需要创造性的想象力了，并且标志着科学的真正进步。惯性原理、能量守恒定律，都仅仅是通过对已经熟知的实验和现象进行新的、独创的思考而得到的。读者会在本书接下去的内容中读到许多这样的例子，其中会强调从新的角度看待已知事实的重要性，并阐述一些新的理论。

再回来讨论测定光速这一相对简单的问题，我们可以说一下，伽利略没有意识到他的实验可以由一个人更简单、更准确地完成，这一点是令人惊讶的。与其让他的同伴站在远处，他完全可以在那里安置一面镜子，它在接收到信号后会立即自动发回信号。

大约 250 年后，菲佐[1] 测定了光速，他使用的正是这个原理。他是第一个通过地面实验来测定光速的。罗默[2] 通过天文观测来测定光速，虽然时间要早得多，但

---

[1] 阿尔芒·菲佐（Armand Fizeau，1819—1896），法国物理学家。——译注

[2] 奥勒·罗默（Ole Roemer，1644—1710），丹麦天文学家。——译注

是不那么精确。

很明显，由于光速非常大，因此只能使用与地球和太阳系另一颗行星之间的距离相当的距离，或者通过对实验技术的极大改进，才能测量光速。罗默使用的就是第一种方法，而菲佐使用了第二种方法。自从最初的那些实验以来，表示光速的这个非常重要的数已经被测定了很多次，其精度越来越高。在 20 世纪，迈克耳孙[1]为此发明了一项极为精准的技术。这些实验的结果可以简单地表达为：真空中的光速约为 186000 英里/秒，即 300000 千米/秒。

光作为物质

我们还是从一些实验事实开始阐述。刚才引用的那个数给出了真空中的光速。光以这一速率不受干扰地通过一无所有的空间。如果我们将一个空玻璃容器中的空气抽掉，我们也可以透过它看到东西。我们可以看到行星、恒星、星云，尽管它们发出的光线是穿过一无所有的空间后才到达我们的眼睛的。不管一个容器里面是否

---

[1]阿尔伯特·A. 迈克耳孙（Albert A. Michelson，1852—1931），波兰裔美国物理学家，以测量光速而闻名，1907 年诺贝尔物理学奖获得者。——译注

有空气，我们都可以透过它看到东西。这个简单的事实告诉我们，空气是否存在几乎无关紧要。因此，在一个普通的房间里进行光学实验，与在没有空气的房间里进行实验有同样的效果。

最简单的光学事实之一是光沿直线传播。我们将描述一个原始而稚拙的实验来表明这一点。在一个点源的前面放置一个屏，屏上有一个孔。点源是一种非常小的光源，比如说，在一个完全被遮住的灯笼上开一个小孔。在远处的墙上，屏上的孔会显示为黑暗背景上的亮光。图 33 明示了这种现象是如何与光的直线传播联系起来的。所有这些现象，甚至对于出现光、影和半影的那些更复杂的情况，都可以用光在真空或空气中沿直线传播的假设来解释。

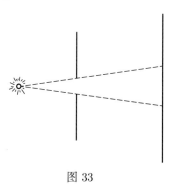

图 33

让我们再举一个例子，光穿过物质时的情况。我们有一束光穿过真空，射在一块玻璃板上。此时会发生什么呢？倘若直线运动定律仍然成立，那么其路径就会如图 34 中的虚线所示。但事实上并非如此。其路径中有一个折转点，如图所示。我们在这里观察到的现象被称为折射（refraction）。折射的许多表现形式之一是下面这种人们所熟悉的现象：如果将一根棍子的一半浸入水中，那么这根棍子看起来在中间发生了弯折。

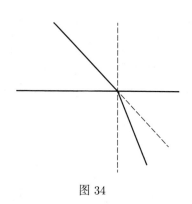

图 34

这些事实足以表明如何能构想出光的一个简单机械理论。我们在这里的目的是展示物质、粒子和力的概念是如何渗透到光学领域的，以及旧的哲学观点最终是如何土崩瓦解的。

这种理论在此以最简单、最原始的形式浮现出来。让我们假设所有发光的物体都发出光的粒子，或微粒

　　　　　　　　　　物理学的进化

（*corpuscle*），它们射到我们的眼睛上，造成光感。我们已经如此习惯于引入一些新的物质，以至于如果有必要给出机械论的解释的话，我们可以毫不犹豫地再来一次。这些微粒必须以已知的速度沿着直线穿过一无所有的空间，将发光物体的信息传递到我们的眼睛。所有表现出光直线传播的现象都支持微粒理论，因为这种运动正是为微粒而规定的。这一理论还非常简单地将镜子对光的反射解释为类似于弹性球撞击墙壁的力学实验中所示的反弹，正如图 35 所明示的那样。

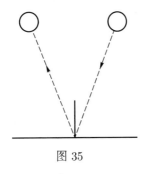

图 35

解释光的折射要困难一些。不用深入细节，我们就能看出进行机械论解释的可能性。例如，如果微粒落在一块玻璃表面上，那么可能是玻璃的物质粒子对这些微粒施加了一种力，而这种力很奇怪地只在该物质的最为近邻的区域起作用。正如我们已经知道的，任何作用在一个运动粒子上的力都会改变它的速度。如果作用在光微粒上的合力是垂直于玻璃表面的引力，那么新的运动将位于原始路径与垂线之间的某处。这个简单的解释似乎预示着光的微粒理论看来会成功。不过，要确定这一理论的是否有用以及它的有效范围，我们就必须探究一些新的、更复杂的事实。

颜色之谜

仍然是牛顿的天才首次解释了世界上的丰富色彩。以下是牛顿自己对他的一个实验的描述：

> 1666 年（当时我正致力于磨制不同于球面的其他形状的光学玻璃），我制得了一个三棱镜，以此来解决著名的色彩现象。为此，我把我的房间弄得很黑暗，只在其中一扇窗户处开了一个小孔，让适量的阳光照进来。我把棱镜放在光线的入口处，这样光线就可以被折射到对面的墙上。一开始，观看由此产生的那些鲜艳而强烈的色彩，是一件非常使人愉快的乐事。

来自太阳的光是"白色"的。在通过棱镜之后，它显

物理学的进化

示出可见世界中存在的种种颜色。大自然自己在彩虹的美丽色彩组合中再现了同样的效果。人们长久以来一直在试图解释这一现象。在圣经故事中，彩虹是上帝与人立约的一个标志，从某种意义上说，这是一种"理论"。但这并未令人满意地解释为什么彩虹会时不时地重复出现，以及为什么总是和雨联系在一起。牛顿在他的伟大著作中，首次对整个颜色之谜进行了科学的探讨，并指出了其本原。

彩虹的一条边缘总是红色的，而另一条边缘总是紫色的。所有其他颜色都排列在它们之间。牛顿对这一现象的解释如下：每种颜色都已经存在于白光之中。它们一起穿越行星际空间和大气层，产生了白光这一效果。可以说，白光是属于不同颜色的、不同种类的微粒的混合。在牛顿的实验中，棱镜将它们在空间中分开。根据机械论，折射是由于来源于玻璃粒子的力作用在光的粒子上。这些力对于属于不同颜色的微粒是不同的，对紫色最强，对红色最弱。因此，当光线离开棱镜时，每种颜色会沿着不同的路径折射，从而与其他颜色分开。在彩虹的例子中，水滴起到了棱镜的作用。

我们这里的光的物质理论比以前的那些物质理论更复杂了。我们不是只有一种光物质，而是有许多种光物质，其中每一种都属于一种不同的颜色。不过，如果这种理论确实有些道理，那么其结果必然与观察结果一致。

牛顿的实验所揭示的太阳白光中的一系列颜色被称为太阳的光谱（*spectrum*），或者更准确地说，是它的可见光谱（*visible spectrum*）。正如这里所描述的白光分解为其各组成部分称为光的色散（*dispersion*）。除非给出的解释是错误的，否则只要使用适当调整的第二个棱镜，光谱中分离出来的颜色就可以重新混合在一起。这个过程应该正是把前一个过程倒过来。由先前分开的那些颜色，我们应该又获得白光。牛顿通过实验证明，用这种简单的方法，确实可以任意多次地由白光的光谱获得白光和由白光获得光谱。这些实验为属于每种颜色的微粒都表现为不可变物质的理论提供了有力的支持。牛顿这样写道：

> ……这些颜色不是新产生的，而只是在分开时才显现出来，因为如果它们再次完全混合而交融在一起，那么它们就会重新构成它们分开之前的那种颜色。出于同样的原因，将不同的颜色聚集在一起而产生的颜色变化并不是真实存在的；因为当这些不同的光线

被重新分开时，它们将呈现出混合前所具有的各种颜色。正如你看到的，当蓝色粉末和黄色粉末精细地混合时，肉眼看起来是绿色的，然而其组成微粒的两种颜色并没有因此而真正改变，它们只是混合。因为当用一台好的显微镜观察时，它们仍然呈现出夹杂的蓝色和黄色。

假设我们已经分离出一条很窄的光谱带。这意味着在所有这么多颜色中，我们只允许一种颜色通过狭缝，其他的都被屏幕挡住了。通过狭缝的光束将由单色（homogeneous）光组成，即不能被进一步分解为一些成分的光。这是该理论的结果，很容易被实验证实。这样一束单色光绝不可能被进一步分开。有一些很简单的方法可以获得各种单色光源。例如，炽热的钠会发出单色黄光。用单色光进行某些光学实验通常会带来方便，因为正如我们很容易理解的，其结果会简单得多。

让我们想象一下，突然发生了一件非常奇怪的事情：我们的太阳开始只发出某种确定颜色的单色光，比如说黄光。那么地球上各种各样的颜色将会立即消失。一切都要么是黄色的，要么是黑色的！这一预言是光的物质理论的一个结果，因为此时不能创造任何新的颜色了。这一断言的正确性可以通过实验得到证实：在一间只有炽热的钠作为光源的房间里，所有的东西不是黄色的就是黑色的。世界上有丰富的色彩，这反映了白光构成中的各种颜色。

光的物质理论似乎在所有这些情况下都非常行得通，尽管有多少种颜色，就必须引入多少种物质，这可能令我们有些不安。所有的光微粒在一无所有的空间中都具有完全相同的速度，这一假设看来也很不自然。

可以想象，还有另一组假设，一种性质完全不同的理论，也可能同样有效，并给出所有必需的解释。事实上，我们很快就会见证另一种理论的兴起，这种理论建立在完全不同的一些概念的基础之上，却解释了光学现象的这同一个领域。不过，在阐述这一新理论的一些基本假设之前，我们必须先回答一个与光学所考虑的这些事毫无关系的问题。我们必须回到力学上来，并且问这样一个问题：

波是什么？

一些从伦敦开始的流言蜚语很快就会传到爱丁堡，尽管没有任何一个参与散布这些流言的人往来于这两个城市之间。这里包含着两种完全不同的运动，一种是从伦敦到爱丁堡的流言的运动，另一种是散布流言的人们的运动。风吹过一片麦田，掀起一股麦浪，麦浪传遍整片麦田。在这里，我们同样必须区分波的运动和单棵植物的运动，其中每棵植物只经历微小的振荡。我们都见过，当一块石头被扔进水池里时，水波会扩散得越来越大。这里波的运动与水的粒子的运动大不相同。粒子只是上下运动。观察到的波的运动是物质的一个状态的运动，而不是物质本身的运动。漂浮在波上的软木塞清楚地表明了这一点，因为它仿效了水实际的上上下下的运动，并没有随着水波而远离。

为了更好地理解波的机制，让我们再来考虑一个理想实验。假设一个很大的空间里均匀地充满了水或空气或某种其他"介质"。在中心某处有一个球（图36）。在实验开始时，完全没有任何运动。突然间，这个球开始有节奏地"呼与吸"，即其体积发生膨胀和收缩，虽然仍保持其球形。在这些介质中会发生什么？让我们从这个球开始膨胀的那一刻开始考察。紧靠球的介质粒子被向外推，使水或空气（视情况而定）构成的球壳的密度增大了，大于其正常值。同样，当这个球收缩时，紧靠球周围的那部分介质的密度也会随之降低。这些密度的

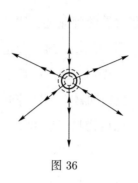

图 36

变化在整个介质中传播。构成介质的粒子只作微小振动，但整个运动是一列行波的运动。这里本质上新的东西是，我们第一次考虑这样一种东西的运动，这种东西不是物质，而是通过物质传播的能量。

利用这个脉动球的例子，我们可以引入两个一般的物理概念，这两个概念对于描述波的特性很重要。第一个是波传播的速度。这取决于介质，比如说波在水和空气中的速率是不同的。第二个概念是波长（wave-length）。对于海面或河面上的水波而言，这是指从一个波谷到下一个波谷之间的距离，或者从一个波峰到下一个波峰之间的距离。因此，海面上的波比河面上的波具有更大的波长。在我们的波由一个脉动的球产生的这个例子中，它的波长是在某个确定的时刻，两个相邻近的、表现出密度最大值或最小值的球壳之间的距离。很明显，这一距离将不仅仅取决于介质。球的脉动速率肯定会对波长产生很大的影响，如果脉动变快，波长就会变短，如果脉动变慢，波长就会变长。

波的这个概念在物理学上证明是非常有成效的。这绝对是一个机械观概念。这种现象被简化为粒子的运动，而根据分子运动论，粒子是物质的组成部分。因此，一般来说，每一种使用波概念的理论都可以视为机械观。例如，对声学现象的解释本质上就是基于这个概念。振动的物体（比如说声带和小提琴弦）是声波的源，声波在空气中按我们对脉动球所作的解释那样传播。因此，通过波的概念，有可能将所有声学现象都简化为机械观下的现象。

我们已经强调过，必须对粒子的运动和波本身的运动加以区分，后者是介质的一种状态。这两种运动是非常不同的，但很明显，在我们的脉动球例子中，这两种运动发生在同一条直线上。介质中的粒子沿着短线段振荡，而介质的密度随着这种运动周期性地增减。波传播的方向与振荡发生的直线是相同的。这种波称为纵波（*longitudinal wave*）。但只有这一种波吗？认识到有另一种波的可能性，这对于我们进一步的考虑很重要的。这种波称为横波（*transverse wave*）。

让我们把前面那个例子改变一下。我们仍然有这样一个球，但它现在浸没在一种不同的介质中，这是一种凝胶，而不是空气或水。此外，这个球不再脉动，而是朝一个方向转过一个小角度，然后再转回来，总是以同样的节奏、绕一根确定的轴转动。凝胶黏附在这个球上，因此黏附部分被迫仿效这种运动。这些部分又迫使那些离得稍远的部分也模仿同样的运动，以此类推，这样就在该介质中产生了一列波。如果我们记住介质的运动和波的运动之间的区别，在这里就会发现它们不在同一直线上。波沿着球半径的方向传播，而介质的各个部分则垂直于这个方向运动。这样我们就产生了一个横波（图 37）。

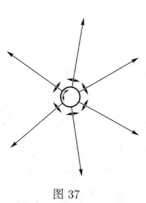

图 37

在水面上传播的波是横波。漂浮的软木塞只会上下

物理学的进化

浮动,但波会沿着水平面传播。另一方面,声波给出了纵波的一个最常见的例子。

再有一点要说明的是:在均匀介质中,由一个脉动的或振荡的球产生的波是球面(spherical)波。给它起这样的一个名字,是因为在任何给定时刻,围绕振源的任何球面上的所有点的表现方式都相同。让我们考虑离振源极远处的这样一个球面的一部分。这一部分离得越远,我们将它取得越小,它就越像一个平面。我们可以说,一个平面的一部分,和一个半径足够大的球面的一部分,如果不是试图过于严格的话,那么这两者之间就没有本质上的区别。我们经常把远离振源的球面波的一小部分称为平面波(plane wave)。图38中阴影部分离球心越远,两条半径之间的夹角就越小,也就能更好地表示平面波。平面波的概念和其他许多物理概念一样,只不过是一个虚构的概念,只能在一定程度上实现。不过,这是一个有用的概念,我们以后会需要它。

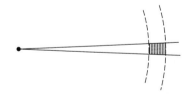

图 38

光的波动理论

让我们回忆一下，我们为什么中断了对光学现象的继续阐述。我们的目的是要介绍光的另一种理论，它不同于微粒理论，但它也试图解释同样多的光学现象。为此，我们不得不中断我们的叙述，引入波的概念。现在我们可以回到我们的主题上来了。

与牛顿同时代的惠更斯（Huygens）提出了一种相当新的理论。他在关于光的专著中写道：

> 另外，如果光的传播需要时间（这正是我们现在要考察的），那么就会得出这个施加在中介物质上的运动就是连续的。因此，它像声音一样，通过球面和波传播。我称它们为波，是因为它们与人们看到被抛入水中的石头在水面形成的那些波相似，并且那些水波呈现出一个个圆的形式连续传播，尽管这些圆是由另一个原因引起的，而且只在一个平面上。

根据惠更斯的观点，光是一种波，是能量的传递，而不是物质的传递。我们已经看到，微粒理论解释了许多观察到的事实。波动理论也能做到这一点吗？我们必须再次提出那些微粒理论已经回答了的问题，看看波动理论是否也能给出同样好的回答。在这里，我们将以 N 和 H 之间对话的形式来做这件事，其中 N 相信牛顿的微粒理论，而 H 相信惠更斯的理论[1]。他们都不被允许使用在两位大师的研究完成之后才建立起来的那些理由。

N：在微粒理论中，光速有一个非常明确的含义。它是微粒在真空中前进的速度。它在波动理论中是什么意思呢？

H：它当然就意味着光波的速度。每一种已知的波都以某个确定的速度传播，光波也理应如此。

N：这并不像看上去那么简单。声波在空气中传播，海面上的波在水中传播。每一种波都必须在一种物质介质中传播。但是光能通过真空，而声音不能。假设在真空中存在着一个波，这实际上就意味着根本没有假设任何一个波。

H：是的，这是一个困难，虽然对我来说并不是一个新的困难。我的大师仔细考虑过这一点，思定了这个困难的唯一出路在于假设存在着一种假想的物质，以太，这是一种弥漫在整个宇宙中的透明介质。可以说，宇宙浸没在以太之中。一旦我们有胆识引入这个概念，其他

---

[1]这里的 N 和 H 分别是英语单词 Newton（牛顿）和 Huygens（惠更斯）的首字母。——译注

的一切就都会变得清晰和令人信服。

N：但我反对这样的假设。首先，它引入了一种新的假想物质，而我们在物理学中已经有太多的物质了。还有另一个反对的理由。你无疑认为我们必须用力学来解释一切。但是以太又怎样呢？以太是如何由它的基本粒子构成的，以及它又是如何在其他现象中显露自己的？你能回答这个简单的问题吗？

H：你的第一条反对意见当然是有道理的。但是，通过引入有点人为的、无重量的以太，我们马上就摆脱了更加人为的光微粒。此时我们只有一种"神秘"物质，而不是对应光谱中的无数种颜色的无数种物质。难道你不认为这是真正的进步吗？至少所有的困难都集中到一点上了。我们不再需要属于不同颜色的粒子以相同的速度通过真空这样一个人为的假设。你的第二个论点也是正确的。我们不能给以太一个机械观上的解释。但毫无疑问，未来对光学的研究，以及或许对其他现象的研究，将揭示它的结构。目前我们必须等待新的实验和结论，但我希望我们最终能够弄清以太的力学结构问题。

N：我们把这个问题暂时放一放，因为我们现在还无法解决。我想看看，即使我们先撇开这些困难，你的理论要如何去解释那些可以用微粒理论解释得如此清晰和

可理解的现象。例如说，如何去解释光线在真空或空气中沿直线传播。在蜡烛前面放置一张纸，就会在墙上产生一个清晰的、轮廓分明的阴影。如果光的波动理论是正确的，那就不可能形成线条分明的阴影，因为波会在纸的边缘发生弯曲，从而使阴影变得模糊。你知道，对于海面上的波而言，一艘小船不会构成阻碍，它们只是绕过它，而不会产生阴影。

H：这不是一个令人信服的论据。举例来说，一条河上冲击一艘大船侧面的那些短波。在船的一侧产生的波，在另一侧是看不到的。如果这些波足够小，而船又足够大，就会出现一个非常分明的阴影。光看起来是沿直线传播的，很可能只是因为它的波长与普通障碍物的大小和实验中使用的孔径相比非常小。如果我们有可能制造出一个足够小的障碍物，此时就不会出现阴影。我们在构造能证明光是否能弯曲的仪器时，可能会遇到很大的实验上的困难。然而，如果能设计出这样一个实验，那么它就会是在光的波动理论和微粒理论之间作出决断的关键。

N：波动理论在未来可能会带来新的一些事实，但我现在不知道有任何实验数据能令人信服地证实它。在实验明确地证明光可以弯曲之前，我看不出有任何理由

使我不相信微粒理论，在我看来，微粒理论比波动理论更简单，因此就更好。

在这一刻，我们可以让这场对话告一段落了，尽管这个话题远没有讲完。

波动理论如何解释光的折射以及各种颜色，这些还有待表明。正如我们所知，微粒理论有能力对这些现象给出解释。我们将从折射开始，但我们首先考虑一个与光学无关的例子，这会有所助益。

有一片很大的空地，两个人各持一根刚性杆的两端行走。一开始他俩以相同的速度一直向前走。只要他们保持相同的速度，无论速度大小如何，此杆都只会发生平行位移，也就是说，它不会转动或改变方向。这根杆的所有相继位置都彼此平行。但是现在请想象一下，在一段短到可能只有几分之一秒的时间里，这两个人的运动不一样。结果会发生什么？很明显，在这片刻之中，这根杆会转动，从而有了不再平行于其原始位置的移动。当速度恢复相等时，它的方向就与以前不同了。图39清楚地显示了这一点。这一方向上的改变发生在两位步行者速度不同的那个时间间隔内。

这个例子会使我们能够理解波的折射。假设有一列通过以太前进的平面波落在一块玻璃板上。在图40中，

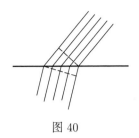

图 39　　　　　　　　　　　图 40

我们看到一列波，它在前进时呈现出一个相对较宽的波前。波前是指这样一个平面：在任何给定的时刻，在该平面上以太的所有部分都以完全相同的方式运动。由于光速取决于光通过的介质，因此在玻璃中的光速不同于在真空中的光速。在波前进入玻璃的很短时间内，波前的不同部分会有不同的速度。很明显，到达玻璃的那部分会以玻璃中的光速前进，而其余部分仍然会以以太中的光速前进。由于在"浸入"玻璃的这段时间里，沿着波前的速度存在着这种差异，因此波本身的方向就会改变。

由此可见，不仅是微粒理论，波动理论也能对折射给出一个解释。进一步的考虑，再加上一点数学知识，就会发现波动理论的解释更简单、更好，而且其结果与观测完全一致。事实上，如果我们知道光束在进入介质时是如何折射的，那么定量的推理方法就使我们能够推断出光在折射介质中的速度。直接测量极好地证实了这些预言，因此也证实了光的波动理论。

还有关于颜色的问题有待讨论。

必须记住，波的特征是由两个数来描述的：它的速度和波长。光的波动理论的基本假设是，不同的波长对应不同的颜色。单色黄光的波长与红光或紫光的波长是不同的。在光的微粒说中，属于不同颜色的微粒是人为地加以区分的，而在光的波动说中，属于不同颜色的波在波长方面有着自然的差异。

因此，牛顿关于光的色散的实验可以用两种不同的术语来描述，即微粒理论的术语和波动理论的术语。例如：

微粒术语	波动术语
属于不同颜色的微粒在真空中的速度相同，但在玻璃中的速度不同。	属于不同颜色的光线具有不同的波长，它们在以太中的速度相同，但在玻璃中的速度不同。
白光是由属于不同颜色的微粒组成的，而在光谱中它们是分开的。	白光是由所有波长的波组成的，而在光谱中它们是分开的。

由于同一现象存在着两种截然不同的理论，因而产生了两种解释，为了避免这种混淆不清，明智的做法似乎是仔细考虑每一种理论的缺点和优点，在此之后决定支持其中一种。N 和 H 之间的对话表明这并不是一件

　物理学的进化

容易的事。此时的决定与其说是科学信念，不如说是品味问题。在牛顿的时代，以及其后的一百多年里，大多数物理学家都支持微粒理论。

到很久以后的 19 世纪中叶，历史才作出了裁定：支持光的波动理论，反对微粒理论。N 在与 H 的谈话中说过，要在两种理论之间作出裁定，原则上这是可用实验来做到的。微粒理论不允许光线弯曲，因而要求存在线条分明的阴影。另一方面，根据波动理论，一个足够小的障碍物是不会产生阴影的。杨[1] 和菲涅耳[2] 对此进行了研究，他们用实验实现了这一结果，得出了一些理论上的结论。

我们已经讨论过一个极为简单的实验，在点光源前面放置一个屏，屏上有一个孔，于是墙上就出现了一个阴影。我们将进一步简化实验，假设光源发出的是单色光。为了获得一些最好的结果，这个光源应该是一个强光源。让我们想象屏上的那个孔越来越小。如果我们使用一个强光源，并把这个孔做得足够小，那么此时就会出现一个新的、令人惊讶的现象（图 II.1 的上图），从微

---

[1]托马斯·杨（Thomas Young，1773—1829），英国医生、物理学家。——译注

[2]奥古斯丁·让·菲涅耳（Augustin-Jean Fresnel，1788—1827），法国物理学家。——译注

粒理论的观点来看，这是相当难以理解的。明暗之间不再有明显的区别。光形成一系列明暗相间的圆环，逐渐消失在黑暗的背景中（图 II.1 的下图）。这些环的出现恰好是波动理论的特征。如果实验设置稍有不同，就可以清楚地解释这些明暗交替的区域。假设我们有一张黑色的纸，纸上有两个光线可以通过的针孔。如果这两个孔靠得很近，而且都非常小，那么在单色光源足够强的情况下，墙上就会出现许多明暗相间的条纹，向两侧逐渐消失在黑暗的背景中。这个现象的解释很简单。暗条纹是从一个针孔来的波的波谷与从另一个针孔来的波的波峰相遇之处，从而两者相消了。明条纹是来自不同针孔的波的两个波谷或两个波峰相遇之处，从而两者相互加强了。在前面那个例子中，我们使用了一个带有一个孔的屏，结果出现了明暗相间的圆环（图 II.2、图 II.3），这种情况下的解释更为复杂，但原理是相同的。应该记住这两种情况：在两个孔的情况下，出现暗条纹和明条纹，而在一个孔的情况下，出现明环和暗环，因为我们稍后将回来讨论这两个不同的图像。这里描述的实验表明了光的衍射（*diffraction*）——当在光波的路径上放置小孔或障碍物时，光就会偏离直线传播。

整页插图 II：光的衍射

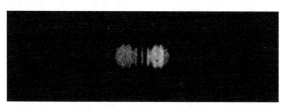

图 II.1：上图中，我们看到两束光先后通过两个针孔后的一张光斑照片（打开一个针孔，然后遮住这个针孔打开另一个针孔）；下图中，当允许光线同时通过两个针孔时，我们会看到一些条纹（V. Arkadiev 摄）

图 II.2：光弯曲绕过小障碍物的衍射（V. Arkadiev 摄）

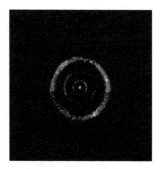

图 II.3：光通过小孔的衍射（V. Arkadiev 摄）

借助一点数学，我们的讨论就能更深入下去。我们可以求出要产生某种特定的图样，波长必须是多大，或者更确切地说，波长必须有多小。因此，上述那些实验使我们能够测量出用作光源的单色光的波长。为了使我们对这个数有多小有一个概念，我们将举下面的这两个波长为例，它们分别代表了太阳光谱的两个极端，即红光和紫光。

红光的波长为 0.00008 厘米。

紫光的波长为 0.00004 厘米。

对于这两个如此之小的数，我们不应感到惊讶。在自然界中观察到清晰的阴影现象，即光的直线传播现象，只是因为通常遇到的所有孔径和障碍物与光的波长相比都是非常大的。只有在使用非常小的障碍物和孔径时，光才会显示出它的波动性质。

但是寻找光的理论的故事并未结束。19 世纪的裁定并不是不可更改的最终判决。对于现代的物理学家来说，在微粒与波之间作出决断的整个问题仍然存在，这一次是以一种更加深刻和复杂精细的形式出现的。在我们认识到波动理论的胜利还有可疑的本质问题之前，让我们先暂时接受光的微粒理论的失败。

光波是纵波还是横波？

我们已经考虑过的所有光学现象都支持波动理论。光弯曲绕过小障碍物，以及对折射的解释，是支持它的最有力论据。在机械观的引导下，我们认识到还有一个问题需要回答：确定以太的力学性质。要解决这个问题，就必须知道以太中的光波是纵波还是横波。换言之：光的传播方式跟声音一样吗？光波是否是由介质密度的变化引起的，因此粒子振荡的方向与传播方向一致？还是说以太就像一种弹性凝胶，在这种介质中只能产生横波，其粒子的运动方向与波本身的运动方向垂直？

在解决这个问题之前，让我们先设法确定哪个答案更为我们所喜欢。显然，如果光波是纵波，那么我们就该是很幸运的了。在这种情况下，构想一种机械观以太的困难要小得多。我们此时对以太的描述很可能类似于在解释声波传播时对气体的机械观描述。要形成以太传递横波的图像要困难得多。要把凝胶想象成一种由粒子组成的介质，从而使横波通过它传播，这并非易事。惠更斯认为以太会是"空气状"的，而不是"凝胶状"的。但是大自然并不怎么介意我们的能力有限。在这种情况下，大自然会对那些试图从机械论角度理解所有事件的物理学家表现出仁慈吗？为了解答这个问题，我们必须讨论一些新的实验。

　　能为我们提供答案的有许多实验，我们只详细考虑其中的一个。假设我们有一块非常薄的电气石晶体板。它是以一种特殊的方式切割的，但我们不需要在这里描述这种方式。这块晶体板必须很薄，这样我们就能透过它看到光源。不过，现在让我们拿两块这样的板，把它们放在我们的眼睛和光源之间。我们预料会看到什么？如果这两块板足够薄的话，还是会看到一个光点。实验很有可能会证实我们的期望。为了使我们不去对上述句子中的"可能会"三字操心，假设我们确实通过这两块晶体板看到了光点。现在让我们通过旋转来逐渐改变其中一块晶体板的位置。这一说法只有当转动所绕的转轴的位置固定时才有意义。我们将以入射光线所确定的那条直线为轴线。这意味着我们移动了一块晶体板的所有点，只有轴上的那些点除外（图 41）。不可思议的事发生了！光点变得越来越弱，直至完全消失。当旋转继续时，光点会重新出现，而当到达初始位置时，我们会重新看见一开始的情景。

　　不必探究这个实验以及其他类似实验的细节，我们就可以提出下面这个问题：如果光波是纵波，这些现象

　　　　　　　　　　　　　　　　　物理学的进化

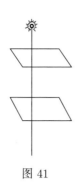

图 41

可以解释吗？在纵波的情况下，以太粒子会像光束一样沿着轴运动。在晶体板旋转的情况下，沿着轴没有发生任何变化。轴上各点并不移动，而附近只发生了一个很小的位移。对于纵波，一个新图像的消失又出现这样的明显变化是不可能出现的。这个现象，以及许多其他类似的现象，都只能通过假设光波是横波而不是纵波来解释！或者换句话说，我们必须假定以太具有"凝胶状"这一特征。

　　这真是太可悲了！在试图用机械观方式描述以太时，我们必须准备好面对巨大的困难。

以太和机械观

　　为了认识以太作为光传输介质的机械观性质，人们进行了各种各样的尝试，而讨论这些尝试会需要一个很长的篇幅。我们知道，机械观的结构意味着物质是由粒子组成的，这些粒子受到的作用力沿着连接它们的直线，并且只取决于距离。为了将以太构造成一种凝胶状的力学物质，物理学家们不得不作出一些高度人为的、不自然的假设。我们不在这里援引它们，它们应归入几乎已经被遗忘的过去。但结果是有意义的、重要的。所有这些假设的人为性，以及必须引入如此多彼此完全独立的假设，足以粉碎人们对机械论观点的信念。

但是对于以太，不仅仅是构造它有困难，还有其他更简单的反对意见。如果我们希望从机械论的观点来解释光学现象，那就必须假定以太无处不在。如果光只能在介质中传播，那就不可能有一无所有的空间。

然而，我们从力学中知道，星际空间对物质物体的运动并不起阻碍作用。例如，行星在以太凝胶中穿行时，不会遇到任何阻力，不像诸如物质介质对其运动造成阻力那样。如果以太不干扰物质的运动，那么以太粒子和物质粒子之间就不可能有相互作用。光通过以太，也通过玻璃和水，但在后两种物质中，它的速度是变化的。如何从机械论的观点来解释这个事实？显然只能借助于假设以太粒子和物质粒子之间存在着某种相互作用。我们刚刚看到，在物体自由运动的这种情况中，就必须假

　　　　　　　　　　　　　　物理学的进化

定这些相互作用不存在。换句话说，在光学现象中，以太和物质之间存在相互作用，而在机械观的现象中，以太和物质之间没有相互作用！这当然是一个非常矛盾的结论！

似乎只有一个办法可以克服所有这些困难。为了试图从机械观的视角去理解自然现象，在直到 20 世纪的整个科学发展的进程中，人们不得不引入了一些人为的物质，比如电流体和磁流体、光微粒或以太。这样做的结果只是把所有的困难聚集在几个关键点上，例如光学现象中的以太。在这里，所有试图以某种简单的方式构造出以太都徒劳无功，以及其他的反对意见，似乎都在表明，错误就在于这样的一个基本假设：有可能从机械观的角度解释自然界中的所有事件。科学并没有成功地、令人信服地实现机械观方案，而如今已经没有任何物理学家相信有可能实现它了。

我们在对一些主要物理思想的简短回顾中，遇到了一些尚未解决的问题，碰到了一些困难和阻碍，这使我们对于对外部世界的所有现象形成统一的、一致的看法的努力失去了信心。经典力学中有一条被忽视的线索，即引力质量和惯性质量相等。电流体和磁流体具有人为性。在电流和磁针的相互作用中，有一个尚未解决的难题。

我们会记得，这个力的作用不在连接导线和磁极的直线上，并且取决于移动电荷的速度。表达其方向和大小的那条定律极为复杂。最后，还有以太带来的巨大困难。

现代物理学已经攻克并解决了所有这些问题。但在寻求这些解答的奋斗中，出现了新的、更深层次的问题。我们的知识比 19 世纪的物理学家更广博、更深邃，但我们的疑虑和困难也同样如此。

我们来总结一下：

> 在旧的电流体理论中，在光的微粒理论和波动理论中，我们见证了实施机械观的进一步尝试。但是在电学和光学现象的领域，这种运用遭遇了种种严重的困难。

> 运动电荷会对磁针产生作用力。但是这种力不仅取决于距离，还取决于运动电荷的速度。这种力既不是斥力也不是引力，而且垂直于连接磁针和电荷的直线。

> 在光学中，我们必须决定支持光的波动理论，反对微粒理论。波在由粒子组成的介质中传播，它们之间具有机械力，这当然是一个机械论的概念。但光赖以传播的介质是什么？

它的力学性质有哪些？在这个问题得到解答之前，是没有希望把光学现象简化为力学现象的。但解决这个问题的困难是如此之大，我们不得不放弃它，从而也就不得不放弃机械论观点。

3. 场，相对论[1]

作为图示的场

在 19 世纪下半叶，一些新的、革命性的思想被引入物理学，它们为一种不同于机械论观点的新哲学观点开辟了道路。法拉第[2]、麦克斯韦[3] 和赫兹[4] 的研究成果导致了现代物理学的发展，创立了新的概念，从而形成了对现实的一幅新图像。

---

[1]关于本章内容可参见《相对论：狭义与广义理论——发表 100 周年纪念版》，阿尔伯特·爱因斯坦著，哈诺克·古特弗洛因德、于尔根·雷恩编，涂泓、冯承天译，人民邮电出版社，2020 年，以及《改变世界的方程——牛顿、爱因斯坦和相对论》，哈拉尔德·弗里奇著，邢志忠、江向东、黄艳华译，上海科技教育出版社，2018 年。——译注

[2]迈克尔·法拉第（Michael Faraday, 1791—1867），英国物理学家、化学家，是著名的自学成才的科学家，在电磁学方面的工作尤为重要。——译注

[3]詹姆斯·克拉克·麦克斯韦（James Clerk Maxwell, 1831—1879），英国物理学家、数学家。他是经典电动力学的创始人，也是统计物理学的奠基人之一。——译注

[4]海因里希·赫兹（Heinrich Hertz, 1857—1894），德国物理学家，1887 年首先用实验证实了电磁波的存在。由于他对电磁学的巨大贡献，因此频率的国际单位制单位以他的名字命名。——译注

我们现在的任务是要描述这些新概念为科学带来的突破，并展示它们是如何逐渐变得清晰和有力的。我们应尽力按逻辑重新构造这一进展路线，而不去过多地考虑它们在时间上的先后顺序。

这些新概念的起源与一些电现象有关，但通过力学来首次介绍它们比较简单。我们知道两个粒子会相互吸引，并且这种吸引力随着距离的平方而减小。我们可以用一种新的方式来表达这一事实，而且也应该这样做，即使很难理解这种做法的好处。在图 42 中，我们用小圆代表一个有吸引作用的物体，比如说太阳。我们应该把此图实际上想象成空间中的一个模型，而不是平面上的一幅图。于是图中的小圆代表的就是太空中的一个球，比如说太阳。如果将一个物体，即所谓的试验物体（test body），放到太阳附近的某个地方，那么它将受到一个引力。这个引力的方向是沿着连接这两个物体中心的直线。因此，图中的这些直线就表示试验物体在不同位置时受到的太阳引力的方向。每条直线上的箭头表示所受力是朝向太阳的，这意味着这个力是一种吸引力。这些线是该引力场的力线（lines of force of the gravitational field）。眼下，这只是一个名字，没有理由去进一步强调它。我们的图有一个特点，稍后将着重讨论。力线是构建在空

物理学的进化

间中的，而在那里没有物质存在。就目前而言，所有的力线，或者简单地称之为场（field），只表明了一个试验物体被放到这个球（这个场是为了这个球而构建的）的附近时的行为。

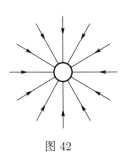

图 42

　　在我们的这个空间模型中，这些表示力的方向的直线总是垂直于球的表面。由于它们是从一个点发散的，因此它们在球的附近很密集，离球越远密集程度越低。如果我们把离球体的距离增大两或三倍，那么在我们的空间模型中，这些线的密集程度会降低为四分之一或九分之一，但在这幅图中看不出这一点。因此，这些线有双重用途。一方面，它们显示了一个放到球形太阳附近的物体所受力的方向。另一方面，空间中的力线密度则表明了力是如何随距离变化的。如果对这幅描述场的图进行正确的解释，那么它代表了引力的方向及其与距离的关系。就像从用文字或用精确、简明的数学术语对万有引力定律的描述中进行理解那样，我们同样可以从这样一幅图中理解出万有引力定律。我们将这种图示称为*场的图示法*（*field representation*），这种表示法可能看起来清晰有趣，但没有理由相信它标志着任何实际的进步。在万有引力的情况下，很难证明它确实有用。有些人可能会觉得有帮助的做法是，不仅仅把这些线看作图形，而是想象力的真实作用是穿过它们的。我们可以这样做，但是那样的话，就必须假定沿着力线的作用速度为无穷大！根据牛顿定律，两个物体之间的力只取决于距离，时间不涉及在内。力必须瞬间从一个物体传递到另一个物体！但是，由于速率无限的运动对任何一个有理性的人来说都不可能有多大意义，因此试图使我们的图形比一个模型有更深层次的意义也不会有任何结果。

不过，我们现在还不打算讨论引力问题。这里只是把它作为一个引入，为的是在电学理论中对类似的推理方法作解释时有所简化。

我们首先来讨论这个给我们的机械观解释带来了严重困难的实验。在一个圆形电路中有电流通过。电路中间有一个磁针。电流开始通过的那一刻，一个新的力出现了，它作用在磁极上，并垂直于任何连接电线和磁极的直线。如果这个力是由环行的电荷引起的，那正如罗兰的实验所示，它就依赖于该运动电荷的速度。这些实验事实与以下哲学观点相矛盾：所有的力都必须作用在连接粒子的直线上，并且只能依赖于距离。

电流作用在磁极上的力的精确表达式是相当复杂的，实际上比引力的表达式还要复杂得多。不过，我们可以尝试把这些作用形象化地表示出来，就像我们刚才对引力所做的那样。我们的问题是：电流以什么力作用在放置于其附近某处的一个磁极上？这种力很难用语言来描述。即使使用一个数学公式，也会显得复杂和笨拙。最好是将我们关于这个作用力所知道的一切用一幅力线图来表示，或者更确切地说是用一个力线的空间模型来表示。一个磁极只有在与另一个磁极相关联而构成一个偶极子的情况下才存在，这一事实导致了某种困难。不过，我们总是可以想象磁针具有这样的长短，以致我们此时只需考虑作用在比较靠近电流的那一个磁极上的力，而另一个磁极离得足够远，因此作用在其上的力可以忽略不计。为了避免歧义，我们可以把比较靠近导线的那个磁极称为正（*positive*）磁极。

作用在正磁极上的力的特性可以从图 43 中看出。

首先，我们注意到导线附近有多个箭头，用来指示电流的方向，从高电势指向低电势。所有其他的线都是

3. 场，相对论   135

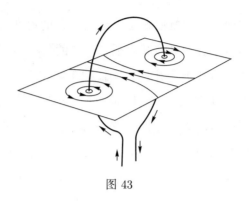

图 43

属于这个电流且位于某个平面上一些力线。如果画得正确，那么它们就告诉了我们画中的电流对给定正磁极施加作用的力矢量的方向，以及关于这个矢量的长度的一些情况。正如我们知道的，力是一个矢量，要确定它，我们不仅必须知道它的长度，还要知道它的方向。我们主要关心的是作用在一个磁极上的力的方向问题。我们的问题是：我们如何从图中得出空间任意一点的作用力的方向？

　　要从这样一个模型中辨识出力的方向，其规则并不像我们前面的例子中那样简单，因为在前面的例子中，各力线都是直线。在我们的下一幅图（图 44）中，为了使这一过程清楚明了，只画出一条力线。力矢量位于此力线的切线方向上，如图所示。力矢量的箭头和力线上

　　　　　　　　　　　　　物理学的进化

的箭头指向同一方向。因此，这就是力在这一点作用在磁极上的方向。一幅好的图，或者更确切地说是一个好的模型，还能告诉我们任意点的力矢量长度。在力线密集的地方，即靠近导线的地方，这个矢量必定比较长，在力线不那么密集的地方，即远离导线的地方，这个矢量必定比较短。

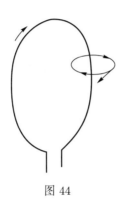

图 44

这样，力线（或者换种说法就是场）使我们能够在空间任何一点处确定作用在磁极上的力。就眼下而言，这是我们精心构建这个场的唯一正当理由。知道了场表示什么，我们对研究与电流相对应的力线就有了更深厚的兴趣。这些线是一些环绕着导线的圆，位于与导线所在平面垂直的平面上。从图中觉察这个力的特性以后，我们再次得出结论：这个力的作用方向垂直于连接电线和磁极的任何直线，这是因为圆的切线总是垂直于圆在切点处的半径。我们关于作用力的全部知识都可以概括在这个场的结构之中。我们把场的概念放在电流的概念和磁极的概念之间论述，以便用一种简单的方法来表示作用力。

每一个电流都与一个磁场相关，也就是说，将一个磁极靠近通电导线时，总有一个力作用在该磁极上。我们可以顺便指出，这种性质使我们能够制造出灵敏的仪器来探测是否存在电流。一旦我们学会了如何从一个电流的磁场模型中辨识出磁力的特征，我们总是可以画出通电导线周围的磁场，来表示空间中任意一点的磁力作用。我们的第一个例子是所谓的螺线管。它实际上是一组线圈，如图 45 所示。我们的目的是要通过实验尽我们所能地了解与通电螺线管相关的磁场，并将这些知识包含在场的构造之中。图 45 明示了我们的结果。这些弯曲的力线是闭合的，它们环绕螺线管的方式表征了一个电流磁场的特征。

条形磁铁的磁场可以用与一个电流的磁场相同的方式表示。图 46 表明了这一点。力线从正极指向负极。力矢量总是位于力线的切线上，并且在两极附近最长，因为力线在这两点处最密集。力矢量表示了磁铁对正磁极

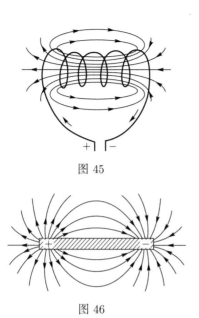

图 45

图 46

的作用。在这种情况下，该场的"源头"是磁铁而不是电流。

我们应该将图 45 与图 46 仔细地加以对比。在前一张图中，我们有通电螺线管的磁场；在后一张图中，我们有条形磁铁的磁场。让我们把螺线管和条形磁铁放在一边，只观察两个外面的场。我们立刻注意到它们的特征完全相同。在这两种情况下，力线都从螺线管或条形磁铁的一端指向另一端。

场的图示法结出了它的第一枚硕果！如果没有由我

们构建的场所揭示的话，很难看出流过螺线管的电流和条形磁铁之间有任何强烈的相似性。

　　场的概念现在可以经受更为严峻的测试了。我们很快就会知道它是否不仅仅是作用力的一种新的表现形式而已。我们可以这样推断：暂时假设场以一种独有的方式表征了由它的源决定的所有作用。这只是一个猜测。这意味着，如果一个通电螺线管和一根条形磁铁具有相同的磁场，那么它们的一切作用也必定是相同的。这意味着，两个通电螺线管的行为就像两根条形磁铁，它们相互吸引或排斥，与两根条形磁铁的情况完全一样，完全取决于它们的相对位置。这也意味着一个通电螺线管和一根条形磁铁相互吸引或排斥的方式与两根条形磁铁相同。简而言之，这意味着通电螺线管与对应的条形磁铁的所有作用都是相同的，因为都仅由场决定，而在这两种情况下两个场具有相同的特征。实验完全证实了我们的猜测！

　　如果没有场的概念，要发现这些事实会多么困难！要把通电导线和磁极之间的作用力表达出来是非常棘手的事。在两个螺线管的情况下，我们应该不得不去研究两个电流之间相互作用的那些力。但如果我们借助于磁场进行这一研究的话，当我们一看到螺线管的磁场和条形磁铁的磁场之间的相似性时,就会立即注意到所有这些作用的特征。

我们会很正当地认为场比我们最初认为的提供了更多的东西。单是场的各种性质似乎对于描述现象就是必不可少的,源的不同并不重要。通过场的概念引出的一些新的实验事实揭示了它的重要性。

场被证明是一个非常有用的概念。它一开始是为了描述作用力而被放在源和磁针之间的某种东西。它曾被认为是电流的一个"代理者",电流的所有作用都是通过它来执行的。但现在,这个代理者还充当了一位翻译者,将各种规律用一种简单、清晰、容易理解的方式表达出来。

用场来描述,它的首次成功表明借助场作为翻译者,间接地考虑电流、磁体和电荷的所有作用,可能是一种方便的做法。可以将场视为某种总是与电流相关的东西。即使不用磁极来检验它的存在,它仍然存在在那里。让我们尝试着始终如一地沿着这条新线索走下去。

一个带电导体的场可以用与引力场或者电流或磁体的场几乎相同的方式引入。我们仍然只讨论最简单的例子!为了设计一个带正电的球的场,我们必须提出这样一个问题:当一个带正电的小试验电荷靠近这个场的源,即这个带正电的球时，作用在这个小试验电荷上的力是怎样的？事实上，我们使用带正电而不是带负电的试验电荷仅仅是一个习惯做法，表明力线上的箭头应该朝哪个方向画。这个模型（图47）类似于引力场的模型（图42），这是因为库仑定律和牛顿定律之间的相似性。这两种模型的唯一区别是箭头指向相反的方向。事实上，这是因为两个正电荷相互排斥，而两个质量相互吸引。不过，如果是一个带负电的球，那么它的场就会与引力场相同（图48），因为带正电的小试验电荷会被这个场的源所吸引。

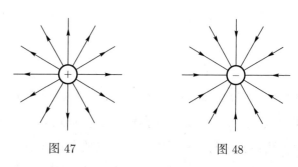

图 47   图 48

如果电极和磁极都处于静止状态，那么它们之间就没有作用，既没有引力也没有斥力。我们可以用场的语言来表达上述事实：静电场对静磁场没有作用，反之亦然。"静场"这个词是指不随时间变化的场。如果没有外力干扰的话，彼此靠近放置的磁体和电荷就会永远保持

物理学的进化

它们的静止状态。静电场、静磁场和引力场各具不同的性质。它们不会混在一起，各自保持其独特性，而不管其他的场如何。

让我们回来讨论那个带电的球，它到目前为止一直处于静止状态。现在假设它由于某种外力的作用开始动起来了。带电球运动了，这句话用场的语言应表达为：该电荷的场随时间变化。但是正如我们已经从罗兰的实验中所知道的，这个带电球体的运动就等价于一个电流。而且每个电流都伴随着一个磁场。因此，我们的一连串论证如下所示：

电荷的运动　→　带来一个电场的变化
　↓
电流　　　　→　　产生伴随着的磁场

我们由此得出结论：由一个电荷运动产生的一个电场的变化总是伴随着一个磁场。

我们的结论是基于奥斯特的实验，但它涵盖的内容远不止这些。它包含了这样一种认识：一个随时间变化的电场伴随着一个磁场，这种相伴关系对于我们进一步的论证是至关重要的。

一个电荷只要处于静止状态，那就只有一个静电场。但一旦这个电荷开始移动，就会出现一个磁场。我们还可以说得更多：如果电荷越大，运动得越快，那么这个电荷运动产生的磁场就会越强。这也是罗兰实验的一个结果。我们可以再次使用场的语言来说：电场变化越快，伴随着的磁场就越强。

我们在这里设法把熟悉的那些事实，从根据旧的机械论观点构建起来的电流体的语言，转换成了新的场的语言。我们稍后将看到我们的这种新语言是多么清楚明白、多么有启发性、多么意义深远。

场论的两大支柱

"一个电场的变化伴随着一个磁场。"如果我们把这个句子中的"磁场"和"电场"这两个词互换，那么我们的句子就变成了："一个磁场的变化伴随着一个电场。"只有通过实验才能判定这个说法是否正确。但系统地提出这个问题的想法是由于使用了场的语言而得到的启发。

就在一百多年前，法拉第做了一项实验，而这个实验导致了感应电流这一重大发现。

演示这一点非常简单。我们只需要一个螺线管或其他某种电路、一根条形磁铁，以及检测电流是否存在的众多仪器中的一种。首先，条形磁铁在构成一个闭合回路的螺线管附近保持静止（图 49）。此时没有电流通过导线，因为没有电源。只有条形磁铁的静磁场，它不随时间变化。现在，我们快速改变磁铁的位置，要么把它移走，要么使它靠近螺线管，采用我们喜欢的其中任何一种移动方式都可以。在这一瞬间，电流会在一段很短的时间里出现，然后消失。每当磁铁的位置改变时，电流就会重新出现，并且能被一台足够灵敏的仪器探测到。但从场论的观点来看，有电流就意味着电场的存在，这个电场迫使电流体通过导线。当磁铁再次静止时，这个电流就会消失，因此这个电场也会消失。

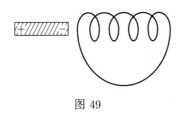

图 49

暂且想象一下，如果我们还不知道这种场的语言，那么这个实验的各结果就必须用旧的机械观概念的语言来给出定性和定量的描述。我们的实验于是表明了：一个磁偶极子的运动造成了一种新的力，使导线中的电流体发生运动。接下来的一个问题就会是：这种力依赖于什么？这个问题很难回答。我们必须去研究这个力对磁铁的速度、形状和电路形状的依赖关系。此外，如果用旧的语言来解释这个实验，那么代替一根条形磁铁的运动，而用另一个载流电路的运动，是否也能激发出感应电流？对此，这个实验根本没有给我们任何提示。

如果我们使用场的语言，并再次相信我们的原则，即作用是由场决定的，那情况就完全不同了。我们立刻看到，一个通电螺线管的作用与一根条形磁铁的作用是完全一样的。在图 50 中有两个螺线管：一个小螺线管通电，而另一个较大螺线管用来探测感应电流。我们可以移动小螺线管，就像我们之前移动条形磁铁一样，在大螺线管中就会产生感应电流。此外，如果我们不是移动小螺线管，而是产生和消除电流，即断开和闭合电路，也可以产生和消除磁场。场论提出的新事实又一次得到了实验的证实！

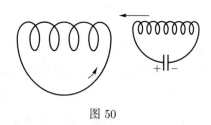

图 50

让我们举一个简单的例子。我们有一条没有任何电流源的闭合导线。在其附近某处有一个磁场。无论这个磁场的来源是另一个通电电路还是一根条形磁铁，对我们来说都不重要。我们的图 51 显示了这个闭合电路和磁力线。此时的感应现象用场的语言来进行定性和定量描述是非常简单的。如图所示，一些力线穿过以导线为边界的那个面。我们必须考虑穿过以导线为边界的那部分平面的力线。不管磁场有多强，只要它不改变，就不会有电流出现。但是，一旦穿过以导线为边界的这部分平面的力线条数发生变化，电流就开始出现在这条边界导线之中。不管该电流可能是由什么引起的，但它是由通过这个面的力线条数的变化决定的。力线条数的这种变化既是定性又是定量描述感应电流的唯一本质概念。"力线条数的变化"指的是力线密度变化，我们记得，这意味着场强变化。

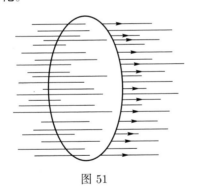

图 51

这些就是我们一连串推理中的要点：磁场的变化 →
感应电流 → 电荷的运动 → 存在一个电场。

因此：一个变化的磁场伴随着一个电场。

于是我们就找到了支持电磁场论的两个最重要的支柱。首先是变化的电场和磁场之间的联系。它来源于奥斯特关于磁针偏转的实验，并导致了以下结论：一个变化的电场伴随着一个磁场。

第二个支柱是将变化的磁场与感应电流联系起来，它来源于法拉第的实验。两者构成了定量描述的基础。

同样，随着变化磁场而产生的电场看起来也是真实的。我们之前必须在没有试验磁极的情况下想象一个电流的磁场。类似地，我们必须在这里声称，在不用导线测试感应电流的情况下，电场也是存在的。

事实上，我们的这种两个支柱的说法可以简化为只有一个，即以奥斯特的实验为基础的那个支柱。法拉第实验的结果可以用第一个支柱加上能量守恒定律推断出来。我们使用这种两个支柱的说法，只是为了清晰和简练。

我们应该提到用场来描述的另一个结果。比如说我们用一个伏打电池作为电流源时，就能构成一个通电电路。导线和电流源之间的连接突然断开，当然就没有电流了！但是在这个短暂的断开过程中，一个复杂的过程发生了。这个过程本可以同样被场论所预见。在电路断开之前，导线周围存在着一个磁场。电流中断的瞬间，这一磁场就不复存在了。因此，通过电流中断，磁场就消失。穿过导线包围的面的力线条数发生非常快速的变化。但是这样一个快速变化，无论它是如何产生的，都必定会产生一个感应电流。真正重要的是磁场的变化：它的变化越大，就使得感应电流越强。这个结果是对该理论的另一个检验。随着一个电流的中断，必定会出现一个很强的瞬时感应电流。实验再次证实了这一预言。任何人如果曾经切断过电流，那么他一定注意到有火花出现。这个火花揭示了由磁场快速变化而引起的强电势差。

同一过程也可以从一个不同的角度来看待，即从能量的角度。一个磁场消失了，一个火花产生了。火花代表能量，因此磁场也必定代表能量。为了一致地使用场的概念和场的语言，我们必须把磁场看作能量的一个仓库。只有这样，我们才能根据能量守恒定律来描述电磁现象。

从一个有用的模型开始，场变得越来越真实了。它帮助我们理解旧的事实，并引导我们找到新的事实。认为场具有能量，是在场的概念越来越受到重视的发展过程中又向前迈进了一步，而在此过程中，机械论观点中如此重要的物质概念却越来越受到抑制了。

场的真实性

对于电磁场的定律的定量数学描述被概括为所谓的麦克斯韦方程组（Maxwell's equations）。到现在为止所提到的那些事实导致了这些方程式的形成，但它们的内容比我们已经能指出的要丰富得多。它们简单的形式掩盖了只有通过仔细研究才能揭示的深度。

提出这些方程是自牛顿时代以来物理学中最重要的事件，这不仅因为它们的丰富内容，还因为它们形成了一种新型定律的模式。

麦克斯韦方程组的典型特征也出现在现代物理学中的所有其他方程之中。这些特征可以总结在下面这句话中：麦克斯韦方程组是一些表示电磁场结构的定律。

为什么麦克斯韦方程组在形式和性质上都不同于经典力学中的那些方程？这些方程描述了电磁场的结构，这是什么意思？我们何以可能从奥斯特和法拉第的实验得出的那些结果去形成一种新型的定律，而结果证明这种定律对物理学的进一步发展是如此重要？

从奥斯特的实验中，我们看到了一个磁场是如何环绕着一个变化的电场的。从法拉第的实验中，我们看到了一个电场是如何环绕着一个变化的磁场的。为了能概

物理学的进化

述麦克斯韦理论的一些主要特征，让我们暂时把注意力集中在其中的一个实验上，比如法拉第的实验。我们再次来看表示一个变化的磁场引起一个电流的图51。我们已经知道，如果通过以导线为边界的面的力线条数发生变化，就会产生一个感应电流。这样，如果磁场发生变化了，或者电路变形了或移动了，也就是说，如果通过这个面的磁力线条数发生了变化，无论这种变化是如何引起的，那么都会出现电流。要考虑到所有这些不同的可能性，要讨论它们的特定作用，就必然会产生一种非常复杂的理论。不过，难道我们不能把我们的问题简化一下吗？让我们设法在我们的考虑中排除一切与电路的形状、长度和被导线包围的面有关的这些方方面面。让我们想象一下，让图51中的电路变得越来越小，逐渐收缩成一个非常小的电路，包围着空间中的某个点。那么此时关于形状和大小的一切因素都无关紧要了。在这条封闭曲线收缩到一点这个趋向极限的过程中，尺寸和形状自动地从我们的考虑中消失了，于是我们就得到了空间中任意一点在任意时刻关联电场与磁场变化的规律。

因此，这是导出麦克斯韦方程组的主要步骤之一。这又是一个理想实验，在想象中用一个收缩到一个点的电路来重复法拉第的实验。

我们应该实实在在地称它为半步而不是一整步。到目前为止，我们的注意力都集中在法拉第的实验上。但是电磁场论的另一个支柱是基于奥斯特实验的，我们对它必须同样仔细地、以类似的方式加以考虑。在这个实验中，磁力线环绕着电流。通过将圆形磁力线收缩到一个点，就完成另外半步，这一整步产生了空间任意一点在任意时刻磁场变化和电场变化之间的联系。

　　但还有另一个重要的步骤也是必不可少的。根据法拉第的实验，必须有一根导线来测试电场的存在，就像在奥斯特的实验中必须有一个磁极或磁针来测试磁场的存在一样。但是麦克斯韦新理论的观点超越了这些实验事实。电场和磁场，或者简称为电磁（*electromagnetic*）场，在麦克斯韦的理论中是真实之物。电场是由一个变化的磁场产生的，它是完全独立的，无论是否有一根导线来测试，它都存在；磁场是由一个变化的电场产生的，无论是否有磁极来测试，它也都存在。

　　因此，有两个关键步骤导致了麦克斯韦方程组。第一步：在考虑奥斯特和罗兰的实验时，环绕着电流和变化电场的环形磁场线必须收缩到一个点；在考虑法拉第的实验时，环绕着变化磁场的环形电场线必须收缩到一个点。第二步是把这个场认定为真实的东西；电磁场一旦产生，就会按照麦克斯韦定律存在、作用和变化。

麦克斯韦方程组描述了电磁场的结构。整个空间都是这些定律的活动舞台，而不是像力学定律那样，仅仅是针对存在物质或电荷的那些点。

我们记得在力学中的那些情况是怎样的。只要知道了一个质点在某一时刻的位置和速度，以及知道了作用力，那就可以预测该质点的整个未来路径。在麦克斯韦的理论中，我们只要知道某一时刻的电磁场，就可以从该理论的那些方程中推断出整个场在时空中是如何变化的。正如力学方程使我们能够追踪物质质点的历史一样，麦克斯韦方程组使我们能够追踪场的历史。

但是力学定律和麦克斯韦定律之间仍然存在着一个本质上的区别。将牛顿引力定律与麦克斯韦场定律作比较，就会突出由这些方程所表达的那些典型特征。

借助于牛顿的那些定律，我们可以根据太阳与地球之间的作用力来推断出地球的运动。这些定律把地球的运动与遥远的太阳的作用联系起来。地球和太阳虽然相距遥远，但在这些力的剧本中，它们二者都是演出者。

在麦克斯韦的理论中不存在物质演出者。这种理论的各数学方程表达了支配电磁场的那些定律。它们不像牛顿定律那样，把两个相隔甚远的事件联系起来，它们不把这里发生的事和那里的状况联系起来。此时此地的场取决于刚刚过去的某个时刻邻近区域的场。如果我们知道此时此地在发生什么，这些方程就使我们可以预言在稍远的空间中和稍晚的时间里会发生什么。它们允许我们一小步一小步地增加我们对这个场的认识。我们可以通过积跬步，从远处已发生的事情推断出这里会发生什么。相反，在牛顿的理论中，只有连接遥远事件的那些大步才是允许的。奥斯特和法拉第的实验结果都可以从麦克斯韦理论中重新获得，但只能是通过积跬步的方式，其中每一小步都由麦克斯韦方程组支配着。

对麦克斯韦方程组进行更深入的数学研究表明，还可以得出一些新的、真正出乎意料的结论，而整个理论可以经受一个高得多的水平上的检验。这是因为这些理论上的结果现在具有了定量特征，并且是由一系列逻辑论证揭示出来的。

让我们再次想象一个理想实验。一个带有电荷的小球，在某种外部作用下，像钟摆一样快速而有节奏地受迫振荡。利用我们已经知道的关于电磁场的变化的知识，我们该如何用场的语言来描述这里正在发生的一切呢？

电荷的振荡产生了一个变化的电场。这个电场总是伴随着一个变化的磁场。如果在附近放置由一根导线构成的一个闭合电路,那么伴随着这个变化的磁场,该电路中又将出现电流。虽然所有这些仅仅是对一些已知事实的重复,但对麦克斯韦方程组的研究却为振荡电荷这一问题提供了更深刻的认识。从麦克斯韦方程组出发进行一些数学推导,我们就可以弄清楚在振荡电荷周围的电磁场的性质、源的近处和远处场的结构及其随时间的变化。这种推导的结果就使我们得出了*电磁波*(*electromagnetic wave*)。从振荡电荷辐射出的能量会在空间中以一定的速度运动,但是能量的转移,即状态的运动,是所有波动现象的特征。

我们已经考虑了不同类型的波。我们考虑过由脉动球引起的纵波,即密度变化通过介质传播开去。我们考虑过在凝胶状介质中传播的横波。由球的旋转引起的凝胶的变形通过介质前进。现在,对于电磁波的情况,在传播的是哪种变化?正是电磁场的变化!一个电场的每一次变化都会产生一个磁场;这个磁场的每一次变化都会产生一个电场;就这样,电场与磁场交替变化地一直进行下去。因为场代表能量,所有这些在空间中以一定速度传播出去的变化都产生一个波。根据这种理论的推断,电磁力线总是在垂直于传播方向的平面上。因此,产生的波是横波。我们根据奥斯特和法拉第的实验而形成的场图像的原始特征虽然仍然保留着，但我们现在认识到，它还有更深的含义。

电磁波能在真空中传播。这也是该理论的一个结果。如果振荡电荷突然停止运动，那么它的场就变成静电场。但是由此振荡产生的一系列波仍在继续传播。这些波具有一种独立的存在，它的变化历史就像其他任何物质物体一样可以被追踪。

我们知道，电磁波在空间中以一定的速度传播，并随时间而变化，这一图像可由麦克斯韦方程组推导出来，只是因为这些方程描述了电磁场在空间中任意一点在任意时刻的结构。

还有一个非常重要的问题。电磁波在真空中传播的速率是多大？在一些与波的实际传播无关的简单实验数据的支持下，这一理论给出了一个明确的答案：电磁波的速度等于光速。

奥斯特和法拉第的实验构成了建立麦克斯韦定律的基础。我们到目前为止的所有结果都来自对这些规律的仔细研究，并将它们用场的语言表达出来。电磁波以光速传播这一理论上的发现是科学史上最伟大的成就之一。

实验已经证实了这一理论预言的正确性。五十年前，赫兹率先证明了电磁波的存在，并用实验证实了电磁波的速度与光速相等。现今，数以百万计的人证明了电磁波可以被发送和接收。他们的仪器比赫兹所使用的要复杂得多，能够探测到离开波源几千英里远而不是几码远的波。

电磁场和以太

电磁波是横波，在真空中以光速传播。电磁波的速度与光的速度相同这一事实间接地表明，光学现象和电磁现象之间有着密切的联系。

对于光，当我们不得不在微粒理论和波动理论之间作出选择时，我们决定支持波动理论。光的衍射是对我们的决定造成影响的最有力论据。但是，我们也假设了光波是电磁波，那就不能由此造成与任何对光学事实的解释相矛盾。相反，还要能够得出其他一些结论。如果真是这样，那么在物质的光学和电学性质之间必定存在某种可以从麦克斯韦理论中推断出来的联系。我们确实可以得出这样的一些结论，而且它们是经得起实验检验的，这是支持光的电磁说的一个基本论点。

这个伟大的结果是电磁场论的结果。两个看起来互不相关的科学分支被同一理论所涵盖。同一组麦克斯韦方程组既描述了电的感应现象，又描述了光的折射。如果我们的目标是要借助于一种理论来描述曾经发生或可能发生的一切，那么光与电的合并无疑是向前迈出的一大步。从物理的角度来看，普通电磁波与光波的唯一区别就是波长：人眼能探测到的光波的波长非常小，而一台无线电接收器能探测到的普通电磁波的波长非常大。

旧的机械观试图将自然界中的所有事件都归结为物质粒子之间的各种作用力。第一种稚拙的电流体理论就是基于这种机械论观点。对于一位19世纪早期的物理学家来说，场这一观念并不存在。对他来说，只有物质及其变化才是真实的。他试图只用直接涉及两种电荷的一些概念来描述两种电荷的作用。

一开始，场的概念不过是帮助我们去从机械论角度理解现象的一种手段。在新的场的语言中，是两个电荷之间场的描述，而不是电荷本身，对于理解它们之间的作用才是至关重要的。人们对这些新概念的认识稳步增长，直到场在重要性方面渐渐超过了物质的地位。人们意识到物理学中已经发生了一些非常重大的事情。一个新的真实创造出来了，这是一个在机械观的描述中没有容身之处的新概念。通过一番斗争，场的概念慢慢地在物理学中确立了自己的主导地位，并且至今一直是基本的物理概念之一。对于现代物理学家来说，电磁场就像他坐的椅子一样真实。

但是，如果认为新的场论观点使科学免除了旧的电流体理论的种种错误，或者认为新理论摧毁了旧理论的种种成果，那就是不公正的。新理论既揭示了旧理论的局限性，也显示了旧理论的优点，这使我们能够从一个更高的层次上复得我们的旧概念。不仅对于电流体理论和场论是这样，而且对于物理理论的所有变化也都是这样，无论这些变化看起来多么具有革命性。例如，在我们的例子中，我们仍然可以在麦克斯韦理论中找到电荷的概念，尽管电荷在这里仅仅被理解为电场的一个源。库仑定律仍然成立，它被包含在麦克斯韦方程组中，从麦克斯韦方程组可以推导出许多结果，而库仑定律是其中之一。我们仍然可以应用旧理论，只要被探究的事实在这个理论的有效范围内。但我们也可以应用新理论，因为所有已知的事实都已涵盖在它的有效范围之内了。

用一个比较，我们可以说，创造一种新理论并不像拆除一个旧谷仓，然后在原址上建造起一座摩天大楼。这更像是爬山，不断地获得新的、更广阔的视野，发现我们的出发点和它的富饶环境之间意想不到的联系。但是我们出发的那一点仍然存在，并且仍然能看到，尽管它看起来越变越小了，成为我们在向上爬的道路上克服种种艰难险阻而获得的广阔视野中的一小部分。

事实上，人们花了很长一段时间才认识到麦克斯韦理论的全部内容。电磁场起初被认为是某种以后可以借助以太给出机械观解释的东西。当人们意识到这个计划无法实施时，电磁场理论的成就已经变得太引人注目、太重要，以至于不能用机械观的教条来更换它了。另一方面，设计以太的机械观模型这个问题看来已越来越无趣了，而鉴于其假设的勉强和人为性，得出的结果也越来越令人气馁。

我们唯一的出路，似乎是将空间具有传输电磁波的物理特性这一事实视为理所当然，而不去为这一断言的含义操心太多。我们仍然可以使用以太这个词，但只是为了表达空间的某种物理性质。在科学的发展过程中，以太这个词的意思已经发生了多次改变。现在它不再代表由粒子构成的一个介质。它的故事还远未完结，会由相对论继续延伸下去。

力学的框架

我们的故事讲到这个阶段，必须回到起点，回到伽利略的惯性定律。我们再次引述这条定律：

每个物体都保持其静止状态或匀速直线

　　　　　　　　　物理学的进化

运动状态，除非有施加于其上的一些力迫使
它改变这种状态。

一旦理解了惯性的概念，人们就会想知道，关于它
还有什么可说。虽然这个问题我们已经很深入地讨论过
了，但还远未讨论详尽。

想象有一位严肃的科学家，他认为惯性定律可以用
实际的实验来证明或推翻。他在一个水平桌面上推动一
些小球，在此过程中尽可能消除摩擦。他注意到，随着桌
子和这些小球变得越来越光滑，运动也变得越来越接近
匀速。正当他要宣布惯性原理时，突然有人作弄了他一
下。我们的这位物理学家在一个没有窗户的房间里工作，
与外界没有任何联系。作弄他的人安装了某种机械，因
此他能够使整个房间快速地绕着通过某一点的轴旋转。
一旦旋转开始，物理学家就得到了一些新的、意想不到
的体验。原来一直在做匀速运动的球开始尽量远离转动
中心、向房间的墙壁靠近。他自己也感觉到一股奇怪的
力把他向墙推去。他所体验到的感觉，就像坐在快速转
弯的火车或汽车里所产生的那种感觉，甚至更像坐在转
动的旋转木马上那样。他之前得出的所有结果现在都荡
然无存了。

我们的物理学家将不得不抛弃惯性定律，从而抛弃所有的力学定律。惯性定律是他的出发点，如果这一点改变了，那么他所有的进一步结论也都得改变了。一位观察者如果注定要在旋转的房间里度过一生，并在那里完成他的所有实验，那么他总结出的力学定律将与我们的不同。另一方面，如果他带着深厚的知识以及对物理学原理的坚定信念进入这个房间，那么对于力学定律的这种显而易见的崩溃，他会采用这间房间是旋转的假设来加以解释。通过力学实验，他甚至可以弄清它是如何旋转的。

为什么我们要对旋转房间里的观察者如此感兴趣？其原因很简单，这是因为我们生活在地球上，在某种程度上也处于相同的地位。从哥白尼[1]时代起，我们就知道地球在绕着它的轴自转，同时还在绕着太阳运动。即使是这个人人都很清楚的简单思想，在科学前进过程中也并非原封未动。但让我们暂时不谈这个问题，而接受哥白尼的观点。如果我们刚才提到的这位旋转的观察者无法证实力学定律，那么地球上的我们应该也做不到。

---

[1] 尼古拉·哥白尼（Nicolaus Copernicus，1473—1543），波兰数学家、天文学家，提出日心说模型。1543 年他临终前发表的《天体运行论》（*De revolutionibus orbium coelestium*）被认为是现代天文学的起点。——译注

但地球自转相对较慢，因此这种影响不很明显。尽管如此，还有许多实验仍表明了它们与力学定律的微小偏差，而这些结果的一致性可以被视为地球自转的证据。

不幸的是，我们无法使自己置身于太阳和地球之间，从而在那里证明惯性定律是精确成立的，以及在那里看到旋转的地球。这只能在想象中实现。所有的实验都必须在我们不得不在其上生活的地球上进行。我们常常用科学的方式来表达下面这个事实：地球是我们的坐标系。

为了把这些词的意思说得更明白，让我们来举一个简单的例子。对于从塔上扔下的一块石头，我们可以预言它在任意时刻的位置，并通过观察来证实我们的预言。如果把一把标尺放在塔的旁边，我们就可以预言下落物体在任意时刻会与标尺上的哪个标记重合。很明显，塔和标尺不能由橡胶或任何其他在实验过程中会发生任何变化的材料制成。事实上，我们在实验时所需要的全部，在原则上就是一把与地球刚性连接的不能改变的标尺以及一个精确的钟。只要有了这些，我们就不仅可以忽略塔的建筑结构，甚至可以忽略它的存在。上述这些假设都是浅显的，在对此类实验的描述中通常不会具体说明。但是这一分析就暴露了我们的每一个陈述中隐藏着多少个假设。在我们的例子中，我们假设存在一把刚性标尺和一个理想的钟。没有它们，就不可能检验伽利略的自由落体定律。有了这些简单但基本的物理仪器，即一把标尺和一个钟，我们就能以一定的精度证实这条力学定律。仔细地进行这个实验，就会发现由于地球的自转引起的理论与实验之间的差异。或者换言之，这个差异是由于这里所表述的力学定律在与地球刚性相连的坐标系中并不严格成立而引起的。

在所有的力学实验中，无论是哪种类型的实验，我们都必须确定质点在某个确定时刻的位置，就像上面的落体实验中那样。但是这个位置必须总是参照某物来表述的，就像在前面的例子中是参照塔和标尺来描述的那样。我们必须有一个我们称之为参考系（*frame of reference*）的力学框架，才能确定物体的位置。在描绘一个城市中的物体和人的位置时，横竖交叉的街道构成了我们的参考系。到目前为止，我们在引用力学定律时，还没有费心去描述这个框架，因为我们恰好生活在地球上，而在任何特定的情况下，要选定一个与地球刚性相连的参考系都不会有什么困难。我们所有的观察都要参照的这个由不可改变的刚体构成的框架称为坐标系（*co-ordinate system*）。由于我们经常要用到坐标系这一表述，我们会简单地将它写成 c.s.[1]。

到目前为止，我们使用的所有物理陈述都缺少一些东西。我们没有关注这样一个事实：所有的观察都必须在某个坐标系中进行。我们没有去描述这个坐标系的结构，而根本就忽略了它的存在。例如，当我们写下"一个物体做匀速运动……"时，我们实际上应该写成"一个物体相对于一个选定的坐标系做匀速运动……"我们在旋转房间里的经历告诉我们，力学实验的结果可能会取决于所选的坐标系。

如果两个坐标系相对于彼此旋转，那么力学定律就不可能在这两个坐标系中都成立。如果一个水面是水平的游泳池构成了其中一个坐标系，那么在另一个坐标系中，一个类似的游泳池中的水面就呈现弯曲的形状，就像是有人用勺子搅拌咖啡形成的表面一样。

在阐述力学的主要线索时，我们忽略了一个要点。我们没有说清它们对哪个坐标系成立。由于这个原因，整个经典力学就悬在半空之中，因为我们不知道它是对哪个参考系而言的。不过，让我们暂时不谈这个困难。我们要做一个稍有点不正确的假设：在每一个与地球刚性相连的坐标系中，经典力学定律都成立。这样做是为了

---

[1]以下译文中仍用坐标系。——译注

把坐标系固定下来，使我们的陈述明确。虽然地球是一个适当的参考系这一陈述并不完全正确，但目前我们将暂时接受这种说法。

因此，我们假设存在着一个坐标系，在其中力学定律是成立的。这个坐标系是唯一的一个吗？假设我们有一个相对于我们的地球在移动的坐标系，比如一列火车、一艘轮船或一架飞机。力学定律对这些新的坐标系成立吗？我们无疑知道，它们并不总是成立的，例如在火车转弯、轮船在暴风雨中颠簸或飞机尾旋时的那些情况中。让我们从一个简单的例子开始：一个相对于我们的"好的"坐标系（即力学定律在该坐标系中都成立）——做匀速运动的坐标系。例如，一列理想的火车，或一艘以令人愉快的平稳度沿直线行驶且速率永远不变的轮船。我们从日常体验中知道，这两个坐标系都是"好的"，在匀速运动的火车或轮船上进行的物理实验将会得出与在地球上所做的实验完全相同的结果。但是，如果火车停下来，或者突然加速，或者大海波涛汹涌，就会发生一些奇怪的事情。在火车上，行李箱会从行李架上掉下来；在船上，桌椅会被甩出去，乘客们会晕船。从物理学的观点来看，这仅仅意味着力学定律不能应用于这些坐标系，即它们是"坏的"坐标系。

物理学的进化

这个结果可以表述为所谓的伽利略相对性原理（*Galilean relativity principle*）：如果力学定律在一个坐标系中成立，那么它们在相对于这个坐标系做匀速运动的任何其他坐标系中也成立。

如果我们有两个坐标系相对于彼此做非匀速运动，那么力学定律就不可能在这两个坐标系中都成立。"好的"坐标系，即力学定律成立的那些坐标系，我们称之为惯性系（*inertial system*）。惯性系究竟是否存在的问题还没有解决。但如果存在一个这样的坐标系，那就应该存在着无数个这样的坐标系。每个相对于最初的那个坐标系做匀速运动的坐标系也是惯性坐标系。

让我们考虑以下情况：两个坐标系从一个已知位置出发，其中一个相对于另一个以已知的速度做匀速运动。喜欢具体图像的人，完全可以想象一艘轮船或一列火车相对于地球运动。力学定律可以在地球上或者都匀速行驶的火车或轮船上以同样的精度通过实验加以证实。但是，这两个坐标系的观察者若从他们各自的不同坐标系的角度开始来讨论对同一事件的观察，那就会出现一些困难。每个人都想把对方的观察结果翻译成自己的表达方式。再举一个简单的例子：从两个坐标系——地球和一列匀速运动的火车——观察一个粒子的同一个运动。

这两个坐标系都是惯性系。如果这两个坐标系在某一时刻的相对速度和位置是已知的，那么知道在一个坐标系中观察到什么，是否就足以发现在另一个坐标系中观察到什么？对于事件的描述来说，最重要的是要知道如何从一个坐标系过渡到另一个坐标系，因为这两个坐标系是等价的，并且都同样适用于描述自然界中的事件。事实上，知道观察者在一个坐标系中得到的结果，就足以知道另一个坐标系中的观察者得到的结果。

让我们不借助于轮船或火车而更抽象地考虑这个问题。为了简单一些，我们只研究直线运动。在这种情况下，我们有一把刚性标尺和一个精确的钟。在直线运动这一简单的情况下，刚性标尺代表一个坐标系，就像在伽利略实验中放在塔旁的标尺一样。在直线运动的情况下，将一个坐标系视为一把刚性标尺，在空间中任意运动的情况下，将一个坐标系视为由水平和竖直标尺构成的刚性框架，而不去考虑塔、墙壁、街道等，这总是更简单、更好的方法。在最简单的情况下，假设我们有两个坐标系，即两把刚性标尺。我们把一把标尺画在另一把的上方，分别称之为"上"坐标系和"下"坐标系。我们假设这两个坐标系以一定的速度相对运动，因此一个坐标系沿着另一个滑动。我们完全可以假设两把标尺都是无

　　　　　　　　　　　　物理学的进化

限长的，它们有起点，但没有终点。一个钟就足够这两个坐标系使用了，因为它们的时间流动是相同的。当我们开始观察时，两把标尺的起点重合在一起。此时，一个质点的位置在这两个坐标系中用同一个数来表示。该质点与标尺上的一个标度重合，从而给了我们一个确定该质点位置的数。但是，如果这两把标尺相对于彼此做匀速移动，那么经过一段时间（比如说一秒钟）后，与该质点在两个坐标系中的两个位置对应的那两个数就会不同。考虑静止在上标尺上的一个质点。确定它在上坐标系中的位置的那个数不随时间变化。但它在下标尺上的对应数将发生变化。我们不再说"与点的位置相对应的数"，而是简短地说成一个点的坐标（*co-ordinate of a point*）。因此，我们从图 52 中看到，虽然下面这句话听起来错综复杂，但它是正确的，并且表达了一些非常简单的东西。一个点在下坐标系中的坐标，等于它在上坐标系中的坐标与上坐标系原点在下坐标系中的坐标之和。重要的是，如果我们知道一个粒子在一个坐标系中的位置，那么我们总能计算出它在另一个坐标系中的位置。为此，我们必须知道所讨论的两个坐标系在每个时刻的相对位置。虽然这一切听起来很高深，但它实际上非常简单，要不是我们以后会发现它很有用，那几乎就不值得如此详细地讨论。

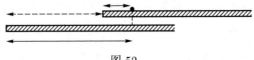

图 52

值得我们注意的是确定一个点的位置和确定一个事件的时间两者之间的差别。每一位观察者都有自己的标尺，这把标尺构成了他的坐标系，但所有的观察者只有一个钟。时间是一种"绝对"的东西，它对所有坐标系中的所有观察者都是以同样的方式流逝的。

现在再举一个例子。一个人以 3 英里/时的速度沿着一艘大型轮船的甲板散步。这是他相对于轮船的速度，或者换句话说，是他相对于与轮船刚性连接的坐标系的速度。如果这艘轮船相对于海岸的速度是 30 英里/时，并且如果人和船所做的匀速运动的方向相同，那么这位散步者相对于海岸上的一位观察者的速度是 33 英里/时，或者相对于船的速度是 3 英里/时。我们可以更抽象地表述这个事实：一个移动的质点相对于下坐标系的速度，等于它相对于上坐标系的速度加上或减去上坐标系相对于下坐标系的速度（图 53）。是加上还是减去，这要取决于这两个速度的方向是相同的还是相反的。因此，如果我们知道两个坐标系的相对速度，那么我们不仅总是

物理学的进化

可以将位置从一个坐标系变换到另一个坐标系，而且对速度也可以进行如此的变换。有些量在不同坐标系中是不同的，位置（或者说坐标）和速度就是其中两个例子。这些量由一些变换定律（*transformation law*）联系在一起，而这些定律在本例中是非常简单的。

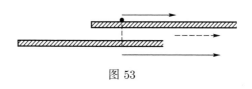

图 53

不过，也有一些量在两个坐标系中是相同的，对于它们就不需要变换定律。举一个例子，在上标尺上不是取一个固定点，而是取两个固定点，并考虑它们之间的距离。该距离是这两点的坐标之差。要求出这两点相对于不同坐标系的位置，我们就必须使用变换定律。但是在构成两个位置之差时，由不同坐标系而造成的影响就会相互抵消而消失，这在图 54 中可以明显看出。我们必须加上再减去两个坐标系的两个原点之间的距离。因此，两点之间的距离是一个不变量，也就是说，它与坐标系的选择是无关的。

下一个与坐标系选择无关的量的例子是速度的变化，这是我们从力学中熟悉的一个概念。我们仍然从两个坐

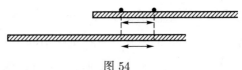

图 54

标系来观察一个做直线运动的质点。对于每个坐标系中的观察者，该质点的速度变化是两个速度之差，而在计算这个差时，由两个坐标系的匀速相对运动造成的影响消失。因此，速度的变化是不变的，当然，这只是在我们的两个坐标系做相对匀速运动的条件下。否则，速度的变化在两个坐标系中是不同的，这种差异是由两把标尺的相对运动的速度变化引起的，而这两把标尺就代表了我们的坐标系。

现在来看最后一个例子！我们有两个质点，它们之间的作用力仅取决于距离。在直线运动的情况下，距离是不变量，而因此力也是不变量。所以，将力和速度的变化联系起来的牛顿定律在两个坐标系中都成立。我们再次得出了一个得到日常体验证实的结论：如果力学定律在一个坐标系中成立，那么它们在所有相对于这个坐标系做匀速运动的坐标系中都成立。当然，我们的例子是一个非常简单的例子，即直线运动的例子，在这种情况下坐标系可以用刚性标尺来表示。但我们的这些结论是普遍成立的，可以总结如下：

物理学的进化

（1）我们不知道任何可用来找到一个惯性系的规则。不过，只要给定一个惯性系，我们就可以找到无穷多个，因为所有相对于彼此做匀速运动的坐标系，只要其中一个是惯性系，那么它们就都是惯性系。

（2）在所有坐标系中，与一个事件所对应的时间都相同。但相应的坐标和速度不同，它们按照变换定律发生变化。

（3）尽管从一个坐标系过渡到另一个坐标系时，坐标和速度都会发生变化，但力和速度的变化在变换定律下是不变的，因此力学定律也就是不变的。

这里阐述的坐标和速度的变换定律，我们称之为经典力学的变换定律，或者更简单地称之为经典变换（*classical transformation*）。

以太和运动

伽利略相对性原理对力学现象成立。同样的力学定律适用于所有彼此做相对运动的惯性系。这一原理是否也适用于非力学现象，特别是事实证明场的概念在其中非常重要的那些现象？集中在这个问题周围的所有其他难题，立即都导致我们抵达了相对论的起始点。

我们记得，在真空中，或者说在以太中，光速是186000

英里/秒，以及光是一种通过以太传播的电磁波。电磁场携带着能量，一旦从它的源发射出来，就成为一种独立的存在。就目前而言，我们将继续认为以太是一种传播电磁波的介质，因此也是光波传播的介质，尽管我们充分意识到了与它的力学结构相关的许多困难。

我们坐在一个封闭的房间里，与外部世界隔绝，没有空气可以进出。如果我们静坐在那里说话，那么从物理的角度来看，我们就是在制造声波。声波以空气中的声速从静止的声源传播出去。如果在嘴巴和耳朵之间没有空气或其他物质介质，我们就听不到一点声音。实验表明，在选定的坐标系中，在无风和空气静止的情况下，空气中的声速在各个方向上都是相同的。

现在想象我们的房间在空间中匀速运动。外面的一个人透过这个运动房间（或者如果你喜欢的话也可以想象成火车）的玻璃墙看到里面正在发生的一切。从房间里面的观察者所作的测量，外面的这个人可以推断出在与他的周围环境相联系的坐标系中的声速，而这间房间相对于他的周围环境在运动。这里还是那个讨论过很多次的老问题，即如果已知一个坐标系中的速度，如何在另一个坐标系中确定这个速度。

房间里的观察者声称：对我来说，声速在各个方向上都是一样的。

外面的观察者声称：在运动的房间里传播的声速，在我的坐标系中测量，它在各个方向上是不一样的。它在房间运动方向上大于标准声速，而在相反方向上则小于标准声速。

这些结论是由经典变换得出的，并且可以通过实验得到证实。房间里携带着物质介质，即声波传播的空气，因此声速对于房间里面和外面的观察者是不同的。

从声波作为在物质介质中传播的一个波这一理论，我们可以得出一些进一步的结论。如果我们不想听到某人的说话，那可以采用下面的方法，尽管这绝不是最简单的方法：就是相对于说话者周围的空气，以比声音更快的速度奔跑。在这种情况下，产生的声波将永远无法到达我们的耳朵。另一方面，如果我们漏听了一个永远不会再重复的重要单词，那我们也必须跑得比声速更快，才能追上产生的声波并听清楚这个单词。这两个例子都没有什么不合理之处，只不过在这两种情况下，我们都必须以大约 400 码/秒的速度奔跑。我们完全可以想象，今后的技术发展将有可能实现这种速度。从枪里射出的子弹，其运动速度实际上比声速要快，因此如果一个人被放在这样一颗子弹上，那他就永远不会听到枪声。

所有这些例子都是纯力学性质的，我们现在可以提出下列重要问题：对于光波的情况，我们能重复刚才关于声波所说的那些话吗？伽利略相对性原理和经典变换是否既适用于力学现象，也适用于光学和电学现象？用简单的"是"或"否"来回答这些问题，而不深入探讨它们的含义，那就太冒险了。

　　关于相对于外部观察者匀速运动的房间里的声波，以下这些中间步骤对于我们的结论是非常必要的：

　　运动的房间携带着传播声波的空气。

　　在相对于彼此做匀速运动的两个坐标系中所观察到的速度，是由经典变换加以联系的。

　　对光提出的相应问题的表述必须略有不同。房间里的观察者不再说话，而是向各个方向发送光信号或光波。让我们进一步假设，发出光信号的光源永久地静止在房间里。光波通过以太运动，就像声波通过空气运动一样。

　　以太是否像空气一样被房间携带？由于我们没有以太的力学图像，因此要回答这个问题是极其困难的。如果房间是封闭的，里面的空气就会被迫随之运动。显然，以这种方式思考以太是没有意义的，因为所有的物质都浸没在以太中，而且它穿透到各处。对于以太而言，没有任何门是关闭的。"移动的房间"现在仅仅是指一个与光源刚性连接的移动坐标系。不过，我们不会难以想象，随着光源移动的房间携带着以太，就像在封闭的房间里声源和空气被携带着一样。不过我们同样完全可以想象相反的情况：房间穿过以太就像一艘轮船穿过一片完全平滑的海洋，不携带介质的任何一部分，而只是在其中运动。在我们的第一种图像中，随着光源移动的房间携带着以太。在这种情况下就有可能用声波进行类比，并且可以得出非常相似的结论。在第二种图像中，随着光源移动的房间不携带以太。这样就不可能与声波类比，而在声波的情况下得出的结论对于光波不成立。这是两种极端的可能性。我们可以想象更为复杂的可能性，以太只是部分地被随着光源移动的房间所携带。但在发现在这两种较为简单的极限情况之中，实验偏向于哪一种之前，就没有理由去讨论更复杂的各种假设。

　　我们将从我们的第一种图像开始，并且就目前而言先暂时假设：随着与其刚性连接的光源一起移动的房间携带着以太。如果我们相信声波速度的那条简单变换原理，那么现在也可以把我们的结论应用于光波。这条简单的力学变换定律只说明速度在某些情况下必须相加，在另一些情况下必须相减，我们没有任何理由去质疑它。因此，目前我们将想当然地认为：随着光源移动的房间携带着以太，并且经典变换定律成立。

如果我打开灯，并且其光源与我的房间是刚性连接的，那么光信号的速度就是众所周知的实验值 186000 英里/秒。但是外面的观察者会注意到房间的运动，因此也会注意到光源的运动。而且，由于以太被房间携带着，因此他的结论肯定是：在我的外部坐标系里，光速在不同的方向上是不同的。它在房间运动方向上大于标准光速，在相反方向上则小于标准光速。我们的结论是：如果随光源移动的房间携带着以太，并且如果力学定律成立，那么光速必然取决于光源的速度。如果一个光源在朝着我们运动，那么从它到达我们眼睛的光会具有较大的速度，如果它在远离我们，那么到达我们眼睛的光会具有较小的速度。

如果我们的速率大于光速，那么我们就应该可以遥遥领先于一个光信号。我们可以追上先前发出的光波，从而看到过去发生的事情。我们会以一个与发送过去事情的光波相反的顺序来追上它们，于是我们地球上发生的一连串事件就会像一部倒过来放映的电影，以一个圆满的结局开始。这些结论都是基于运动的坐标系携带以太并且力学变换定律成立这两个假设。如果是这样的话，光和声音之间的类比就完美无瑕了。

但没有任何迹象表明这些结论确实成立。相反，旨在证明这些结论的所有观察，结果都与这些结论相矛盾。虽然由于光速的值太大，从而造成了巨大的技术困难，因此以下定论是通过相当间接的实验得出的，但其明晰性不容任何置疑：光速在所有坐标系中总是一样的，与发射源是否运动或如何运动无关。

从许多实验中都可以得出这一重要结论，我们不会详细描述这些实验。不过，我们可以采用一些非常简单的论证，尽管它们不能证明光速与光源的运动无关，却能使这一事实令人信服和可以理解。

在我们的行星系统中，地球和其他行星围绕着太阳运行。我们不知道是否还有类似于我们的其他行星系统。不过，有很多双星系统，它们是由围绕一个点运动的两颗恒星组成的，这个点被称为它们的重心。对这些双星运动的观测揭示了此时牛顿引力定律的正确性。现在假设光速取决于发射物体的速度。于是恒星给我们的信息，即来自恒星的光线，将根据恒星发出光线的那一刻的速度，较快或较慢地传播。在这种情况下，恒星的整个运动看起来就会混乱不堪了，因此在遥远的双星的情况下，不可能确认支配我们的行星系统的引力定律是否同样成立。

让我们考虑另一个实验，这个实验基于一个非常简单的想法。想象一个飞快转动的轮子。根据我们的假设，以太被运动携带，并参与其中。当轮子静止和轮子运动时，经过轮子附近的光波会具有不同的速度。静止以太中的光速应该不同于被轮子运动快速拖拽的以太中的光速，就像声波的速度在无风和有风的日子里会有所变化一样。但是我们从未探测到过有这样的差别！无论我们从哪个角度来探讨这个问题，或者无论我们可以设计出什么判定性的实验，判断性的结论总是与运动携带以太的假设相抵触。因此，我们由这些考量得出了下列结果：

不管光源如何运动，光速是恒定的。

不能假设运动的物体携带着周围的以太。

这一结果也受到更详尽、更技术性的论证的支持，

因此，我们必须抛弃声波和光波之间的类比，于是转向第二种可能性：所有物质都通过以太运动，以太在该运动中不起任何作用。这意味着我们假设存在一个以太海，每一个坐标系要么静止在其中，要么相对于它运动。假设我们暂时不去讨论实验是证明了还是否定了这个理论。更好的做法是先对这一新假设的含义以及由此得出的结论更熟悉一些。

存在一个相对于以太海静止的坐标系。在力学中，许

多相对于彼此做匀速运动的坐标系中，没有任何一个是可区别于其他的。所有这些坐标系都同样"好"或同样"坏"。如果我们有两个相对于彼此做匀速运动的坐标系，那么问它们之中哪一个在运动，哪一个在静止，在力学中是毫无意义的。能观察到的只是相对的匀速运动。由于伽利略相对性原理，我们不能谈论绝对匀速运动。不仅存在着相对匀速运动，还存在着绝对匀速运动，这种说法是什么意思？简单地说，就是存在着一个坐标系，一些自然法则在这个坐标系中与在其他所有坐标系中都不同。同时，每个观察者都可以通过将在他的坐标系中成立的那些定律与在唯一具有绝对垄断地位的那个标准坐标系中成立的那些定律作比较，以此来检测自己的坐标系是静止的还是运动的。这里有一种不同于经典力学的情况：在经典力学中，由于伽利略的惯性定律，绝对匀速运动是毫无意义的。

如果假设运动通过以太，那么在场现象领域中可以得出哪些结论？这意味着，存在一个不同于其他所有坐标系的坐标系，它与以太海处于相对静止的状态。显而易见，在这个坐标系中，某些自然法则必定是与众不同的，否则"通过以太运动"这一说法就没有意义了。如果伽利略相对性原理成立，那么通过以太运动就会毫无意义。不可能去调和这两种想法。然而，如果存在一个由以太所确定的特殊坐标系，那么说"绝对运动"或"绝对静止"就有了明确的意义。

我们确实没有任何选择。我们试图假设系统在运动过程中携带以太，以此来挽救伽利略相对性原理，但这却导致了一个与实验的矛盾。唯一的出路是放弃伽利略相对性原理，而去试一试所有物体都在平静的以太海中运动这一假设。

我们的下一步是考虑一些与伽利略相对性原理相矛盾而支持通过以太运动这种观点的结论，并用一个实验来检验它们。这样的实验很容易想象出来，但很难去做。由于我们在这里只关心想法，因此不必为那些技术上的困难而操心。

我们再次回到那个运动的房间，有两位观察者，一位在里面，一位在外面。外面的观察者将代表由以太海所认定的那个标准坐标系。这是一个特殊的坐标系，光速在其中始终具有同一个标准值。所有的光源，无论是在平静的以太海中移动还是静止，都以相同的速度传播光。房间以及其中的观察者都通过以太运动。想象在房间中央有一盏灯忽亮忽灭，而且房间的墙壁是透明的，从而房间内外的观察者都可以测量到此光的速度。如果我们问这两位观察者，他们期望得到什么样的结果，他们的答案会是这样的：

房间外的观察者：我的坐标系是由以太海认定的。在我的坐标系里的光的速度总具有标准值。我不必在意光源或其他物体是否在运动，因为它们从不携带我的以太海。我的坐标系有别于所有其他坐标系，在我的坐标系中，光速必定具有其标准值，而与光束的方向或光源的运动无关。

房间内的观察者：我的房间通过以太海运动。其中一面墙在远离光，而另一面墙在靠近光。如果我的房间相对于以太海以光速前进，那么从房间中心发出的光就永远不会到达在以光速远离的那面墙。如果房间以比光速小的速度运动，那么从房间中心发出的波会先到达其中一面墙，然后再到达另一面墙。先到达朝光波方向运动的那面墙，然后再到达远离光波的那面墙。因此，尽管光源与我的坐标系是刚性连接的，但光速在各个方向上并不相同。在相对于以太海的运动方向上，光速会变小，这是因为墙在远离，而在与以太海的运动相反的方向上，光速会变大，这是因为墙在向着光波运动，并试图更快地与光波相遇。

因此，只有在由以太海所认定的一个特殊坐标系中，光速在所有方向上才应该是相等的。对于其他相对于以太海运动的坐标系而言，光速应该取决于我们测量的方向。

刚才考虑的这个关键实验使我们能够检验通过以太海运动这一理论。事实上，在大自然中有一个以相当高的速度运动的坐标系可供我们使用——地球，它一年绕着太阳转一圈。如果我们的假设是正确的，那么在地球运动方向上的光速应该与在相反方向上的光速不同。可以计算它们的差，并设计出合适的实验检验。考虑到由理论得出的这一时间差很小，因此必须想出非常巧妙的实验设置。著名的迈克耳孙-莫雷实验[1]做到了这一点。实验的结果对所有物质通过一个平静的以太海运动这一理论给出了一个"死亡"裁决。实验结果没能发现光速对方向有依赖关系。如果假定以太海理论成立的话，那么不仅光速，而且其他场现象也都会显示出它们对运动坐标系方向的依赖性。每一个实验都给出了与迈克耳孙-莫雷实验同样的否定结果，从未揭示出它们对地球运动方

---

[1]迈克耳孙-莫雷实验（Michelson-Morley Experiment），是 1887 年美国物理学家阿尔伯特·A. 迈克耳孙和爱德华·莫雷（Edward Morley，1838—1923）用迈克耳孙干涉仪测量两垂直光的光速差的著名物理实验。实验结果表明光速在不同惯性系和不同方向上都相同，由此否定了以太的存在。——译注

向有任何依赖性。

形势变得越来越严峻了。两个假设都已被尝试过了。第一个假设是认为运动物体携带以太。而光速不依赖于光源的运动这一事实与这一假设相矛盾。第二个假设是认为存在着一个特殊的坐标系，以及运动物体不携带以太，而是通过一个永远平静的以太海前进。如果是这样的话，那么伽利略相对性原理就不成立了，光速也不可能在每一个坐标系中都是相同的，我们又一次与实验相矛盾了。

更多的人为理论也都被拿来一试，它们假设真实情况介于这两种极限情况之间：以太只被运动物体部分地携带。但这些理论也都一一失败了！人们试图借助于以太的运动、借助于通过以太的运动，或同时借助于这两种运动来解释运动坐标系中的电磁现象，但所得到的结果表明，这些尝试也都一一败下阵来。

这样就出现了科学史上最戏剧性的局面之一。关于以太的所有假设都毫无结果！实验裁定总是否定的。回顾物理学的发展，我们发现以太在诞生不久后，就成了物质家族中的顽劣小孩[1]。首先，给以太构造一个简单

---

[1] 原文为法语 enfant terrible，意指发奇问而无忌讳、使大人难堪的孩子。——译注

的机械观图像被证明是不可能的，因此只得放弃了。这在很大程度上导致了机械观的崩溃。第二，我们不得不放弃这样的希望：由于以太海的存在，可以区分出一个特殊坐标系，从而引导我们承认绝对运动，而不仅仅是相对运动。这原本是除了传播波以外，以太可以标示和证明其存在的唯一方式了。我们所有想让以太成为真实的努力都失败了。以太既没有显示出它的力学结构，也没有显示出它的绝对运动。除了发明以太的起因，即用它来传输电磁波以外，以太的所有特性都没有留存下来。我们努力去发现以太的性质，结果却导致了各种困难和诸多矛盾。在如此糟糕的经历之后，现在到了该完全忘记以太的时候了，尽量永远不再提起它的名字了。我们会说：我们的空间具有传播电磁波这一物理特性，这样就不再去用一个我们决定避免使用的词。

当然，从我们的词汇表中去掉一个词并不是一个补救办法。我们的困难实在太深刻了，不可能用这种方式全部抹去！

现在让我们把已经被实验充分证实的那些事实写下来，而不再为"以太"问题操心。

（1）真空中的光速总是具有其标准值，与光源或接收者的运动无关。

（2）在两个相对于彼此做匀速运动的坐标系中，所有的自然定律都是完全相同的，没有办法区分出绝对匀速运动。

有许多实验可以证实这两条陈述，而没有任何一个实验与其中任何一条陈述产生抵触。第一条陈述表达了光速恒定的特性，第二条陈述把为力学现象而构想出的伽利略相对性原理推广了，使其适用于自然界中的所有事件。

在力学中，我们已经看到：如果一个质点的速度相对于一个坐标系是如此如此，那么在相对于这个坐标系做匀速运动的另一个坐标系中，它的速度会是不同的。这是由简单的力学变换原理得出的结论。它们是由我们的直觉（如在一个人相对于轮船和海岸移动的例子中）直接给出的，这里看起来并没有什么不对！但这种变换规律与光速恒定性相矛盾。或者换言之，我们还得补上第三条原则：

（3）位置和速度按照经典变换从一个惯性系变换到另一个惯性系。

这样，矛盾就显而易见了。我们无法兼顾上述的（1）、（2）和（3）。

经典变换看来显得过于明显和简单，以致没有任何余地能改变它。我们已经尝试过改变（1）和（2），但得出的都是与实验有分歧的结果。所有关于"以太"运动的理论都需要修改（1）和（2）。这样做都无济于事。我们再次认识到这里困难的严重性。需要有一条新的线索。接受基本假设（1）和（2）并放弃（3），这就为我们提供了这样一条线索，尽管要放弃（3）看起来很奇怪。这条新的线索是从分析最基本、最原始的那些概念开始的。我们将说明这种分析如何迫使我们改变我们的一些旧观点，从而克服了我们的一切困难。

时间，距离，相对论

于是，我们新的假设是：

（1）真空中的光速在所有相对于彼此做匀速运动的坐标系中都是相同的。

（2）所有的自然定律在所有相对于彼此做匀速运动的坐标系中都是相同的。

相对论（*relativity theory*）就是从这两个假设开始的。从现在起，我们将不再使用那个经典变换，因为我们知道它与我们的这两个假设相矛盾。

在这里，正如在科学领域中总是那样发生的，我们必须摆脱那些根深蒂固的、常常不加鉴别地重复的偏见。

既然我们已经看到，改变（1）和（2）会导致与实验的矛盾，我们就必须有勇气清晰地阐明它们的正确性，并着手对付一个可能的短处，即位置和速度从一个坐标系变换到另一个坐标系的方式。我们的目的是从（1）和（2）中得出一些结论，看看这些假设在哪里以及如何与经典变换发生了抵触，并找到所得结果的物理意义。

我们会再次使用内外各有一位观察者的那间运动房间的例子。又有一个光信号从房间中心发出，我们再次问这两个人，他们期望观察到什么。这次假设只有我们的上述两条原则，而忘记之前针对光通过的介质所说的那些。我们来引用他俩的回答：

房间内的观察者：从房间中心发出的光信号将同时到达各墙，因为所有墙与光源的距离相等，并且各个方向的光速相同。

房间外的观察者：在我的系统中与在随着房间运动的观察者的系统中，光速是完全相同的。光源是否在我的坐标系中运动，对我来说无关紧要，因为它的运动不会影响光速。我所看到的是一个以标准速度传播的光信号，在各个方向都是一样的。其中一面墙正试图远离这个光信号，而对面的墙正试图接近这个光信号。因此，远离的墙会比接近的墙晚一点遇到这个信号。如果房间的速度与光速相比很小的话，这个差异尽管会很小，但无论如何，光信号不会与这两面垂直于运动方向的墙完全同时相遇。

将我们的这两位观察者的预言作一下比较，我们发现了一个很令人吃惊的结果，它与经典物理学中看起来有充分根据的那些概念是完全矛盾的。两个事件，在这里指的是两束光到达两面墙，对于房间内的观察者来说是同时发生的，而对于房间外的观察者却不是。在经典物理学中，我们对所有坐标系里的所有观察者都只有一个钟，即一个时间流。时间有一个独立于任何坐标系的绝对意义，因此"同时"、"较早"、"较晚"这样的一些词也是如此。在一个坐标系中同时发生的两个事件，在所有其他坐标系中必然也是同时发生的。

假设（1）和（2），即相对论的出发点，迫使我们放弃时间独立性这一观点。我们描述了两个事件在一个坐标系中是同时发生的，但在另一个坐标系中却发生在不同时间。我们的任务是要理解这一结果，要理解以下句子的含义："在一个坐标系中同时发生的两个事件，在另一个坐标系中可能不是同时发生的。"

我们所说的"在一个坐标系中同时发生的两个事件"指的是什么意思？直觉上，每个人似乎都知道这句话的

　　　　　　　　　　　　　　物理学的进化

意思。但让我们下定决心去谨慎行事，并尽力给出严格的定义，因为我们知道如果高估了直觉那会多么危险。让我们先回答一个简单的问题。

钟是什么？

对时间流的原始主观感觉，使我们能够对我们的印象进行排序，判断一个事件发生得比较早，而另一个事件发生得比较晚。但是要表明两个事件之间的时间间隔是 10 秒，那就需要一个钟。通过使用钟，时间概念就变得客观了。任何物理现象，只要能精确地重复任意多次，就可以用来充当一个钟。把这样一个事件的开始和结束之间的间隔取作一个时间单位，就可以通过重复这个物理过程来测量任意时间间隔。所有的钟，从简单的沙漏到最精细的仪器，都是基于这个想法。对于沙漏，此时的时间单位是沙子从上玻璃球流向下玻璃球所需的时间间隔。倒置一下玻璃球，就可以重复同一物理过程。

如果在两个相距遥远的地点，我们有两个完美的钟，它们显示完全相同的时间。这一陈述，无论我们如何仔细地去验证，都应确保它是正确的。但这到底是什么意思呢？我们怎样才能设法确保相距遥远的那些钟总是显示完全相同的时间？一种可能的方法是使用电视。应该理解的是，这里用到的电视只是作为一个例子，对我们的论证并不是必不可少的。我可以站在其中一个钟附近，看着另一个钟的电视画面。于是我就可以判断它们是否同时显示同一时间。但这不是一个很好的证明。电视画面通过电磁波传播，因此是以光速前进的。我通过电视看到的是很短时间之前发出的一个图像，而我在现场的那个钟上看到的是此刻的时间。这个困难很容易避免。我必须从一个距离这两个钟相等的地点拍摄它们的电视图像，并从这个中心点观察它们。于是在这种情况下，如果信号是同时发出的，它们将在同一时刻到达我这里。如果从这两个精确的钟之间的距离中点观察到它们总是显示相同的时间，那么它们就非常适合为分别处于两个相距遥远的地方的事件指定时间。

在力学中，我们只使用一个钟。但这不是很方便，因为这样我们就不得不在这一个钟的附近进行所有测量。从远处（比如说通过电视）观察一个钟时，我们总是要记住，我们现在所看到的事情，实际上发生在更早的时候，就像在观看夕阳时，我们是在此事件发生后的八分钟才看到它的。我们应该根据我们与钟的距离对所有时间读数进行修正。

因此，只使用一个钟是不方便的。不过，既然现在我们知道了如何判断两个或更多的钟是否同时显示相同的时间，并以相同的方式运行，那么我们完全可以想象，在一个给定的坐标系中放置任意多个钟。其中每一个钟都将帮助我们确定在其邻近区域发生的事件的时间。这些钟相对于这个坐标系都处于静止状态。它们是"精确"的钟并且是同步的（*synchronized*），这意味着它们同时显示相同的时间。

我们的钟的这种摆放方式没有什么特别引人注目或奇怪的地方。我们现在使用许多个同步的钟，而不是只有一个钟，因此在一个给定的坐标系中就可以很容易地判断，两个遥远的事件是否同时发生。如果在这两个事件发生的时刻，它们附近的那些同步的钟都显示相同的时间，那么它们就是同时发生的。说两个远离的事件之一发生在另一个事件之前，现在就有了明确的意义。所有这一切都可以借助于在我们的坐标系中处于静止状态的各同步钟来判断。

这些与经典物理学是一致的，而且与经典变换还没有任何矛盾之处。

为了定义同时事件，这些钟要借助于信号来同步。在我们的安排中，这些信号以光速传播是很关键的。这是在相对论中起着十分基本作用的速度。

既然我们想处理两个相对于彼此做匀速运动的坐标

系这一重要问题，我们就必须考虑两把标尺，每把标尺都配有一个钟。分别在这两个相对于彼此做匀速运动的坐标系中的观察者现在各自拥有了与他的坐标系刚性连接的自己的标尺和自己的一套钟。

在经典力学中讨论测量时，我们对所有的坐标系只用一个钟。而在这里，每个坐标系中有许多个钟。这个差异并不重要。虽然一个钟就足够了，但是只要这些钟确实起到合适的同步钟的作用，也就没有人会反对使用许多个钟了。

现在我们正接近一个表明经典变换与相对论矛盾之处的关键点。当两组钟相对于彼此做匀速运动时会发生什么？经典物理学家会回答：什么都不会发生，它们仍然具有相同的节奏，我们既可以用静止的钟来指示时间，也可以用运动的钟来指示时间。根据经典物理学，在一个坐标系中同时发生的两个事件，在任何其他坐标系中也将同时发生。

但这不是唯一可能的答案。我们同样可以想象一个运动的钟与一个静止的钟具有不同的节奏。现在让我们讨论一下这种可能性，暂时不去判定钟在运动过程中是否真的改变了它们的节奏。一个运动的钟会改变它的节奏，这句话是什么意思？为了简单起见，让我们假设在上坐标系中只有一个钟，而在下坐标系中有许多个钟。所有的钟都有相同的机械结构，并且在下坐标系中的这些钟是同步的，也就是说，它们同时显示相同的时间。我们画了两个相对于彼此做匀速运动的坐标系的三个相继位置（图55）。在第一幅图中，我们约定，上下钟的指针位置是相同的，因为我们将它们安排成这样。所有的钟都显示同一时间。在第二幅图中，我们看到过了一段时间之后这两个坐标系的相对位置。下坐标系中的所有钟都显示同一时间，但上坐标系的钟与它们不再是同一节奏。节奏改变了，时间不同了，因为这个钟在相对于下坐标系运动。在第三幅图中，我们看到指针位置的差异随着时间的推移而增大。

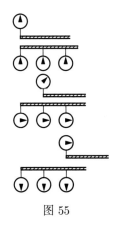

图 55

一位静止在下坐标系中的观察者会发现，一个运动的钟会改变它的节奏。当然，如果一个钟相对于一位静止在上坐标系中的观察者运动，我们也可以得出同样的结果。在这种情况下，在上坐标系中必须有许多个钟，而在下坐标系中只有一个钟。在两个相对于彼此运动的坐标系中的自然定律必须是相同的。

在经典力学中，人们默认一个运动的钟不会改变它的节奏。这看起来如此显而易见，几乎不值一提。但任何事情都不该过于显而易见，如果我们想要确实非常小心，那就应该对物理学中那些直到现在为止都被视为理所当然的假设进行分析。

一个假设不应该仅仅因为它不同于经典物理的假设就被认为是不合理的。我们完全可以想象一个运动的钟会改变它的节奏，只要这种变化的规律对所有的惯性坐标系都是相同的。

再来举另一个例子。取一把码尺，这意味着只要这把尺静止在一个坐标系中，它的长度就是一码。现在它匀速运动起来，沿着代表此坐标系的那把标尺滑动。它的长度仍然会显示为一码吗？我们必须事先知道如何确定它的长度。只要码尺是静止的，它的两端就与坐标系上相隔一码的两个刻度重合。由此我们得出结论：静止码尺的长度是一码。我们如何在这把码尺运动时对它作出测量？这可以按照以下方式来做。在一个给定时刻，两位观察者同时拍摄快照，一位拍摄码尺的起始端，另一位拍摄码尺的末端。由于这两张照片是同时拍摄的，因此我们可以比较坐标系标尺上与运动码尺的起始端和末端重合的那两个刻度。这样我们就确定了它的长度。必须有两位观察者来记录给定坐标系中在不同部位同时发生的事件。没有理由认为这样的测量结果会与码尺静止时的情况相同。由于照片必须同时拍摄，而正如我们已经知道的，这是一个依赖于坐标系的相对概念。因此在相对于彼此运动的不同坐标系中，这一测量结果似乎很可能会不同。

我们有理由这样想象：只要对所有惯性坐标系而言，变化的规律是相同的，那么不仅运动的钟会改变它的节奏，而且运动的码尺也会改变它的长度。

我们只是讨论了一些新的可能性，而没有给出作这些假设的任何正当理由。

我们记得：光速在所有惯性系中都是相同的。这一事实与经典变换是不可能调和的。这个僵局一定要在什么地方被打破。就不能在这里打破吗？我们难道不能假设在运动钟的节奏和运动标尺的长度方面有如此的变化，以致从这些假设直接得出光的速度恒定性吗？我们确实可以这样假设！这是相对论与经典物理学具有根本区别的第一个例子。我们的论证也可以反过来：如果光速在所有坐标系中都相同，那么运动标尺就必须改变它们的长度，运动的钟就必须改变它们的节奏，并且以此能精确地确定那些支配这些变化的规律。

所有这一切都没有什么神秘或不合理之处。在经典物理学中，人们总是假设运动的钟和静止的钟具有相同的节奏，运动的标尺和静止的标尺具有相同的长度。如果光速在所有坐标系中是相同的，如果相对论成立，那么我们就必须牺牲这个假设。要摆脱根深蒂固的偏见是很困难的，但也别无出路。从相对论的观点来看，旧的一些概念似乎是武断的。为什么要像我们在几页前所述的那样，相信在所有的坐标系中，对所有的观察者都是以同样的方式流动的绝对时间是可行的？为什么要相信不可改变的距离？时间是由钟确定的，空间坐标是由标尺确定的，并且它们所确定的结果可能取决于这些钟和标尺在运动时的行为。没有理由认为它们会按照我们所希望的方式行事。在电磁场的现象中，观察间接地表明了，一个运动的钟会改变它的节奏，一把运动的标尺会改变它的长度。反之，根据力学现象，我们认为并不会发生这些事情。在每一个坐标系中，我们必须接受都有相对时间的概念，因为这是我们摆脱困境的最好办法。从相对论发展而导致的进一步科学进展已经表明，这个新的方面不应被视为无奈之举，因为相对论的功绩太卓越了。

到目前为止，我们已经试图说明是什么导致了相对论的那些基本假设，以及相对论如何迫使我们以一种新的方式对待时间和空间，从而修正和改变经典变换。我们的目的是要指出形成一种新的物理和哲学观点的基础的那些思想。这些思想很简单，但从这里所表述的形式来看，它们不仅不足以得出性质上的结论，而且不足以得出数量上的结论。我们必须再次使用我们的老办法，即只解释主要的一些思想，而在不给出证明的情况下陈述其他一些思想。

为了弄清以前的物理学家（他相信经典变换可行，我们将他称为 O）和现代物理学家（他懂得相对论，我们将称他为 M[1]）的观点之间的区别，我们来想象一下他们之间的对话。

O：我相信力学中的伽利略相对性原理可行，因为我

---

[1]这里的 O 和 M 分别是英语单词 old（老的）和 modern（现代的）的首字母。——译注

知道力学定律在两个相对于彼此做匀速运动的坐标系中是相同的，或者说，这些定律相对于经典变换是不变的。

M：但相对性原理必须适用于我们外部世界的所有事件。不仅是力学定律，而是所有的自然定律，在相对于彼此做匀速运动的坐标系中都必须是相同的。

O：但是，所有的自然定律怎么可能在相对于彼此做匀速运动的坐标系中都相同？电磁场方程，即麦克斯韦方程组，相对于经典变换并非不变。光速的例子就清楚地表明了这一点。根据经典变换，在两个相对于彼此运动的坐标系中，光速不该是同样的。

M：这一点仅仅表明经典变换不能适用于电磁场方程的情况，两个坐标系之间的联系必然不同于经典变换，并且我们不能按经典变换定律所示的那种方式把坐标和速度联系起来。我们必须用一些新的定律来替代，并从相对论的基本假设中将它们推导出来。让我们不要为这条新的变换定律的数学表达式操心，而满足于知道它不同于经典变换定律就好了。我们会将它简称为洛伦兹变换（*Lorentz transformation*）。可以证明麦克斯韦方程组，即电磁场的定律，在洛伦兹变换下是不变的，就像力学定律在经典变换下是不变的一样。请回忆一下经典物理学中的情况是如何的：当时我们虽然有坐标的变换定律、

速度的变换定律，但对于两个相对于彼此做匀速运动的坐标系，力学定律是相同的。我们有空间的变换定律，但没有时间的变换定律，因为时间在所有坐标系中都是一样的。然而，在相对论中，时间是不同的。对于空间、时间和速度，我们各有不同于经典的变换定律。但同样地，自然定律在所有相对于彼此做匀速运动的坐标系中都必须是相同的。自然定律必定是不变的，不过不是在以前的经典变换下是不变的，而必定在一种新的变换（即所谓的洛伦兹变换）下是不变的。在所有的惯性坐标系中，相同的定律都成立，而从一个坐标系到另一个坐标系的变换由洛伦兹变换给出。

O：我相信你所说的，不过我倒很有兴趣知道经典变换与洛伦兹变换之间的区别。

M：你的问题最好用以下方式来予以回答。请引述经典变换的一些特征，而我将设法解释它们在洛伦兹变换中是否还被保留，如果没有，那么它们又经受了如何的变化。

O：如果某件事发生在我的坐标系中的某个时间、某个地点，那么在相对于我的坐标系做匀速运动的另一坐标系中的观察者会为发生此事件的位置给出不同的数，但它的时间无疑是相同的。我们在所有的坐标系中使用同一个钟，这个钟是否在运动是无关紧要的。对你来说也是这样吗？

M：不，不是这样的。每个坐标系都必须配备自己的静止钟，因为运动会改变钟的节奏。在两个不同的坐标系中的两位观察者不仅会对位置给出不同的数，而且会对这一事件发生的时间给出不同的数。

O：这意味着时间不再是一个不变量了。对于经典变换而言，在所有坐标系中时间总是相同的。在洛伦兹变换中，时间会发生变化，并且它的变换就像旧变换中的坐标那样。我想知道距离会是如何变化的呢？根据经典力学，一根刚性杆无论在运动或静止时都保持其原长。现在也是这样吗？

M：不是这样了。事实上，由洛伦兹变换可以得出，一根运动的杆会在它运动的方向上发生收缩，速度越大，就会收缩得越厉害。一根棍子运动得越快，它看起来就越短。但这只发生在运动的方向上。在下面的图 56 中，你可以看到一根运动的杆，当它以接近大约光速的 90% 的速度运动时，它会收缩到其长度的一半。不过，在垂直于运动的方向上没有发生收缩，正如我在图 57 中设法表明的那样。

O：这意味着一个运动的钟的节奏和一根运动的棍

　　　　　　　　　　　物理学的进化

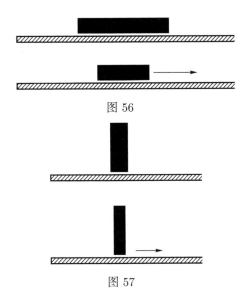

图 56

图 57

子的长度取决于速度。但其取决的情况又是怎样的?

　　M:这种变化随着速度的增大而变得更加明显。由洛伦兹变换可知,如果一根棍子的速度达到光速,它就会收缩到零。类似地,与它所经过的棍子上的钟相比,一个运动的钟的节奏也会减慢,而如果钟以光速运动,它就会停下来;说得更准确些,如果这个钟是一个"好"钟,那么它就会停下来。

　　O:这似乎与我们所有的经验相矛盾。我们知道汽车在运动过程中不会变短,而且我们也知道司机总是可以将他的"好"表与他在路上经过的那些表进行比较,结

果会发现它们非常一致，这与你的说法相反。

M：你说的情况当然都是真的。但是这些车轮的机械速度与光速相比都非常小，因此，将相对论应用于这些现象就是滑稽可笑的了。即使每一位汽车司机将车速提高几十万倍，他也能安全无虞地应用经典物理。我们只能预期当速度接近于光速时，实验与经典变换之间才会不符。只有在非常大的速度下，洛伦兹变换是否成立才能得到检验。

O：但还有另一个难题。根据力学，我能想象出速度比光速还要快的物体。如果一个物体相对于一艘浮动的船以光速运动，那么它相对于海岸的运动速度就大于光速。当一根棍子的速度是光速时，它会收缩到零，此时它会发生什么？如果速度大于光速，此时我们很难想象会出现一个负长度。

M：这样的讥讽实无道理！从相对论的观点来看，物体的速度不可能大于光速。光速构成了所有物体的速度上限。如果一个物体相对于一艘船的速度等于光速，那么它相对于海岸的速度也等于光速。速度加减的那条简单力学定律不再成立，或者更准确地说，它们只在低速情况下近似成立，但对接近光速的速度则不适用。表示光速的那个数明晰地出现在洛伦兹变换中，起着一个极限状况的作用，就像经典力学中的无限速度一样。这种更具一般性的理论并不与经典变换和经典力学相矛盾。相反，当速度很小时，我们就会作为极限情况而重新得到那些旧的概念。从新理论的观点来看，经典物理学在哪些情况下成立，它的局限性又在哪里，这些都是很清楚的。把相对论应用于汽车、轮船和火车等的运动，就像在乘法表就足够的情况下去使用一台计算机一样荒谬。

相对论与力学

相对论源于必然性，源于旧理论中似乎无法逃避的那些严重而难解的矛盾。这种新理论的优势在于，它在解决所有这些困难时表现出的一致性和简单性，而在此过程中只使用了一些非常有说服力的假设。

虽然这种理论来源于电磁场的问题，但它必定涉及所有的物理定律。这里似乎出现了一个困难。一方面是电磁场的定律，另一方面是力学定律，它们属于完全不同的类别。电磁场方程在洛伦兹变换下是不变的，而力学方程相对于经典变换是不变的。但是相对论则要求，所有的自然定律都必须在洛伦兹变换下是不变的，而不是在经典变换下不变。后者只是在两个坐标系的相对速度很小这一特殊情况下，由洛伦兹变换得出的一个极限情况。如果是这样的话，经典力学就必须加以改变，以符合对洛伦兹变换不变性的要求。也可以换句话说：如果速度接近光速，经典力学就不可能成立。从一个坐标系到另一个坐标系只能存在一种变换，即洛伦兹变换。

要以这样一种方式改变经典力学，使其既不与相对论发生矛盾，也不违背通过观察获得并由经典力学解释的大量材料，这是很容易做到的。旧的力学适用于低速运动，因此构成了新力学的极限情况。

考虑一下由相对论在经典力学中引入变化的一个例子会很有意思。这也许会让我们得出一些可以通过实验得到证明或推翻的结论。

让我们假设一个有一定质量的物体沿着直线运动，并在沿着其运动的方向上受到一个外力作用。正如我们所知，力与速度变化成正比。或者更明确地说，一个给定的物体是在 1 秒钟内将它的速度从 100 英尺/秒提高到 101 英尺/秒，还是从 100 英里/秒提高到 100 英里 1 英尺/秒，还是从 18 万英里/秒提高到 18 万英里 1 英尺/秒，都是同样的。对于某一特定物体，如果它在相同时间内有相同的速度变化，那么作用在其上的力总是相同的。

这句话从相对论的观点来看也正确吗？并不如此！这条定律只在低速情况下才成立。在接近光速的高速情况下，由相对论给出的定律是怎样的？如果速度很大，就需要极强的力来提高速度。将大约 100 英尺/秒的速度增大 1 英尺/秒与将一个接近光速的速度增大 1 英尺/秒完全不是同一回事。一个速度越接近光速，就越难以增大它。当一个速度等于光速时，就不可能再增大了。因此，相对论带来的变化并不令人意外。光速是所有速度的上限。任何有限的力，不管它有多大，都不能使速度增加到超过这个极限。将力与速度变化联系起来的那条旧的力学定律被取代了，一条更为复杂的力学定律出现了。从我们的新观点来看，经典力学之所以简单，是因为在几乎所有的观测中，我们处理的各种速度都比光的速度要小得多。

静止的物体有一个确定的质量，称为静止质量（*rest mass*）。我们从力学中知道，每个物体都会对其运动的变化产生抵抗。质量越大，抵抗就越大；质量越小，抵抗就越小。但在相对论中，还不止这些。物体不仅是在静止质量较大的情况下能更强烈地抵抗变化，而且在速度较大的情况下也是如此。速度接近光速的物体对外力有很强的抵抗。在经典力学中，一个给定物体的抵抗性是不可改变的，仅由其质量所表征。在相对论中，物体的抵抗性既取决于该物体的静止质量，又取决于该物体的速度。当物体的速度接近光速时，其抵抗性也变得无穷大。

刚才引用的这些结果使我们能够对所述的理论进行实验检验。速度接近光速的一个抛射体能如理论所预言的那样抵抗外力作用吗？由于相对论的陈述在这方面具有定量的性质，因此如果我们能实现使抛射体的速度接近光速，就可以证实或推翻这种理论。

事实上，我们在自然界中发现了速度如此之大的抛射体。放射性物质（例如镭）的原子的作用就像一排炮组，以巨大的速度发射抛射体。我们可以只引用现代物理和化学中的一个非常重要的观点，而对此不加详述：宇宙中所有的物质都是仅由几种基本粒子（*elementary particle*）组成的。这就好像我们在一个镇上看到大小不同、结构不同和建筑风格不同的建筑物，但是从棚屋到摩天大楼，都仅用了极少的几种砖，所有建筑物都是如此。因此，我们的物质世界中的所有已知元素——从最轻的氢到最重的铀——都是由相同的几种砖（即相同的几种基本粒子）构成的。最重的元素，即最复杂的建筑物，是不稳定的，它们会蜕变，或者按照我们的说法，它们是有放射性的（*radioactive*）。有些砖，也就是构成放射性原子的那些基本粒子，有时会以非常快的速度被抛出，其速度接近光速。按照我们目前（经过大量实验的证实）的观点，一种元素（比如说镭）的一个原子具有一种复杂的结构。有许多现象揭示出原子是由更简单的砖（即基本粒子）组成的，而放射性衰变只是这些现象中的一种。

　　通过非常巧妙而精微的实验，我们可以发现粒子如何抵抗外力的作用。实验表明，这些粒子对外力的抵抗取决于速度，按照相对论所预见的方式那样。在许多其他情况下，也可以探测到这种抵抗对速度的依赖性，而理论和实验完全一致。我们再次看到了在科学中创造性工作的本质特征：用理论来预言某些事实，然后再用实验对它们加以证实。

　　这个结果表明了一个深一层次的重要推广。静止的物体有质量，但没有动能，即没有运动的能量。一个运动着的物体既有质量又有动能。它比静止的物体更能抵抗速度的变化。似乎运动物体的动能增加了它的抵抗能力。如果两个物体的静止质量相同，那么其中动能较大的物体就会更强烈地抵抗外力的作用。

想象一个盒子里装着一些球，而盒子和球都静止在我们的坐标系中。要使盒子运动，即要使它产生速度，那就需要某个力。但是，如果这些球像气体分子一样，在盒子里向各个方向快速运动，其平均速度接近光速，那么同样的力会在同一时间内使这个盒子的速度增大同样的一个量吗？这时会需要更大的力，因为这些球的动能增加了，从而增强了盒子的抵抗能力。能量，至少是动能，以与可称量的质量一样的方式抵抗运动。所有的能量都会是这样吗？

相对论从它的那些基本假设出发，对上面这个问题推演出一个明确而令人信服的回答，这个回答同样具有定量的性质：所有的能量都抵抗运动的变化；所有的能量都表现得像物质；一块铁，在其处于炽热状态时比它在冰冷状态时要重；从太阳发射的、通过太空传递的辐射含有能量，因此具有质量；太阳和所有具有辐射的恒星都因辐射而失去了质量。这个结论相当具有普遍性，是相对论的一项重要成就。人们用各种情况来检验这一结论，都取得了完美的结果。

我们在经典物理学中引入了两种东西：物质和能量。第一种有重量，第二种则没有重量。在经典物理学中，我们有两条守恒定律：一条是物质守恒定律，另一条是能量守恒定律。我们已经提出过这样一个问题：现代物理学是否仍然持有存在这两种东西和存在两条守恒定律的观点。答案是否定的。根据相对论，质量与能量之间没有本质的区别。能量具有质量，而质量又代表能量。我们不再有两条守恒定律，而是只有一条守恒定律，即质能守恒定律。在物理学的进一步发展中，这一新观点证明是非常成功和卓有成效的。

能量具有质量，而质量又代表能量，这一事实怎么会这么长期地被掩盖了呢？一块炽热的铁的重量大于一块冰冷的铁的重量吗？现在这个问题的答案是肯定的，但在"热量是一种物质吗？"一节的答案却是否定的。这两个不同答案之间的那么多页论述肯定不足以处理这一矛盾。

我们在这里所面临的困难同我们以前遇到过的困难是同一类型的。由相对论所预言的质量变化小到不可能通过测量得到，即使用最灵敏的秤，也无法通过直接称重测出。要检验出能量并非无重量，可以通过许多非常确凿但间接的方式实现。

这里缺乏直接证据的原因是物质与能量之间的兑换率非常小。能量与质量相比，就像一种贬值的货币与一种高价值的货币相比。举个例子就可以清楚地说明这一点。大约一克的热能，就能将三万吨水转化为蒸汽！能量长久以来被认为是无重量的，只是因为它所代表的质量是如此之小。

旧的能量物质观念是相对论的第二个罹难者。第一个罹难者是光波传播时通过的介质。

相对论的影响远远超出了引发它的那个问题。它消除了电磁场理论的困难和矛盾；它系统地阐明了更一般的力学定律；它用一条守恒定律取代了两条守恒定律；它改变了我们关于绝对时间的经典概念。它的有效性不囿于一个物理领域，而是构成了一个囊括一切自然现象的总体框架。

时空连续体

"1789 年 7 月 14 日，法国大革命在巴黎爆发。"这句话说明了一个事件发生的地点和时间。如果一个不知道"巴黎"是什么意思的人第一次听到这句话，那么就可以这样给他讲解：巴黎是我们地球上的一座城市，位于东经 2° 和北纬 49°。于是这两个数就表示了这个地方，而"1789 年 7 月 14 日"则是这一事件发生的时间。虽然在物理学中以及在历史上，我们都要对一个事件给出发生的时间和地点，不过对于前者精确地给出这些数据更具重要性，因为这些数据构成了定量描述的基础。

为了简单起见，我们以前只考虑了直线运动。一根有起点但没有终点的刚性杆是我们的坐标系。让我们保持这一限定。在杆上取不同的点；它们的位置可以只用一个数来标定，即用该点的坐标来标定。如果说一个点的坐标是 7.586 英尺，那就意味着该点到杆的原点的距离是 7.586 英尺。反过来说，如果有人给我任何一个数和一个单位，那么我总能在杆上找到与这个数对应的点。我们可以这样说：对应于每一个数，杆上都有一个确定的点，而对应于杆上的每一个点，都有一个确定的数。这个事实数学家是用下面这句话来表达的：杆上的所有点构成了一个一维连续体（*one-dimensional continuum*）。在杆上每个点的任意邻近处都存在一个点。我们可以用任意小的一些步长把杆上两个遥远的点连接起来。因此，连接遥远点的一些步长能任意小是连续体的特征。

现在来看另一个例子。我们有一个平面，或者如果你更喜欢用具体的对象，那就假设有一个矩形的桌面。这个桌面上一个点的位置可以用两个数来标定，而不是像先前那样用一个数来标定。这两个数是该点到桌面的两条垂直边的距离（图 58）。现在与平面上每个点相对应的，不是一个数，而是一对数。对于每一对数都有一个确定的点与之相对应。换言之：平面是一个二维连续体（*two-dimensional continuum*）。平面上每个点的任意近邻处都存在一些点。两个远处的点可以用一条曲线连接起来，而这条曲线可以分成任意小的步长。因此，连接两个遥远点（每个点都可以用两个数来表示）的一些步长能任意小，就给出了一个二维连续体的特征。

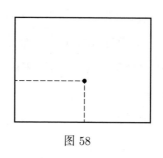

图 58

再举一个例子。设想你希望把你的房间看成你的坐标系。这意味着你希望按照点到该房间的刚性墙的距离来描述所有点的位置。设图 59 中的灯是静止的，那么表示该灯的点的位置可以用三个数来描述：其中两个数确定了它与两面垂直墙的距离，而第三个数确定它与地板或天花板的距离。此时与空间每一点对应的是三个确定的数。每三个数都有空间中的一个确定的点与之相对应。这个事实可以用下面这句话来表述：我们的空间是一个三维连续体（*three-dimensional continuum*）。空间中每个点的邻近处都存在着点。同样，连接遥远点（每个点都用三个数来表示）的一些步长能任意小是一个三维连续体的特征。

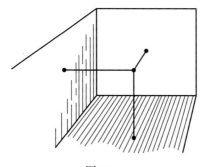

图 59

可是这里讲的所有这些简直都不是在讨论物理学。要回到物理学的课题上来，就必须考虑质点的运动。要观察和预测自然界中的各种事件，我们不仅要考虑这些物理事件发生的地点，还要考虑它们发生的时间。让我们再举一个非常简单的例子。

一块小石头从塔上下落，我们可以把这块小石头视为一个质点。假定这座塔的高度为 256 英尺。自从伽利略时代开始，我们就能够预计该石头在下落后任意时刻的坐标。下面是一张"时刻表"，给出了石头在 0、1、2、3、4 秒后的位置。

时间（秒）	距离地面的高度（英尺）
0	256
1	240
2	192
3	112
4	0

在我们的"时刻表"中列出了 5 个事件，每个事件都由
两个数表示，即每个事件的时间和空间坐标。第一个事
件是这块石头在 0 秒时从离地面 256 英尺高处掉落。第
二个事件是这块石头与我们的刚性杆（塔）在离地 240
英尺高处重合。这发生在第一秒之后。最后一个事件是
这块石头落地。

我们可以用另一种方式来表示从这张"时刻表"中
获得的知识。我们可以将"时刻表"中的 5 对数表示为
一个面上的 5 个点。让我们先建立一个标度。一条线段
对应于 100 英尺，另一条线段则对应于 1 秒钟，如图 60
所示。

图 60

然后我们画两条相互垂直的线，将水平线称为时间
轴，将竖直线称为空间轴。我们立刻看出，我们的"时

　　　　　　　　　　　　　　　物理学的进化

刻表"可以用这个时空平面上的 5 个点来表示。

各点到空间轴的距离表示"时刻表"中第一列所记录的时间坐标，各点到时间轴的距离则表示它们的空间坐标（图 61）。

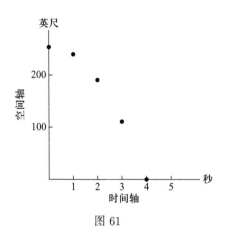

图 61

完全同样的一件事有两种不同的表现形式：用"时刻表"来表示和用时空平面上的点来表示。每种形式都可以由另一种构造出来。如何选择这两种表现形式只是一个品味问题，因为它们实际上是等价的。

现在让我们再往前走一步。想象一张更好的"时刻表"，它不是给出每一秒的位置，而是比如说每百分之一秒或千分之一秒的位置。于是在我们的时空平面上就会有很多点。最后，如果对于每个时刻都给出了位置，或者按照数学家的说法，如果空间坐标由时间的一个函数给出，那么我们的点集就变成了一条连续的线。因此，我们的下一张图（图 62）不是像先前那样仅表示一个不完整的部分，而是表示了该运动的整个情况。

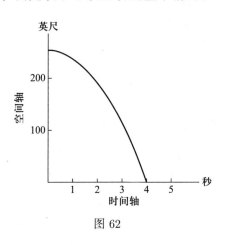

图 62

沿着刚性杆（塔）的运动，即在一维空间中的运动，在这里是用一个二维时空连续体中的一条曲线来予以表示的。在那里，我们的时空连续体中的每一点，都对应着一对数，其中一个数表示时间，另一个数则表示空间，就是坐标。反过来，描述一个事件的每一对数，都对应于我们时空平面上的一个确定的点。两个相邻的点就表示发生在略微不同的地点、略微不同的时刻的两个事件。

你可以如下提出理由反对我们的图示法：用一条线

物理学的进化

段来表示一个时间单位，并把它与空间机械地结合起来，从而由两个一维连续体构成我们所需的二维连续体，这几乎没有什么意义。但是那样的话，你就必须同样强烈地反对一切图示法，例如，表示去年夏天纽约市温度变化的图像，或者那些表示过去几年中生活费变化的图像，因为在这些情况中我们都使用了相同的方法。在温度图像中，一维温度的连续体与一维时间的连续体组合成二维温度–时间的连续体。

让我们回到那个从256英尺高塔上下落的质点上来。我们表示运动的图像是一个通常采用的有用做法，因为它给出了质点在任意时刻的位置。知道了质点是如何运动的，我们就应该会想要再一次描绘它的运动。对此我们可以采用两种不同的方法。

我们记得质点在一维空间中随时间改变其位置的图像。我们把这一运动描绘成发生在一维空间连续体中的一系列事件。我们没有把时间和空间混在一起，而是使用一种位置随时间变化的动态图像。

但我们也可以用一种不同的方式来描绘同一个运动。考虑二维时空连续体中的那条曲线，我们就可以构成一幅静态图像。现在运动被表示为某种处在，即存在于二维时空连续体中的对象，而不是被表示为某种在一维空间连续体中变化的对象。

这两种图像是完全等价的，选用其中一种图像而不选用另一种图像只是一个习惯和品味的问题。

这里关于运动的两种图像所说的一切与相对论没有任何关系。尽管经典物理学更倾向于动态图像（它将运动描述为发生在空间中事件，而不是存在于时空中的事件），但这两种表现形式可以同样正当地使用。然而，相对论改变了这种观点。它明确地支持静态图像，并且人们在将运动作为某种存在于时空中的对象的这种表示之中，得出了一种更方便、更客观的现实画面。我们仍然必须回答这样一个问题：为什么从经典物理学的观点来看是等价的这两种图像，而从相对论的观点来看却是不等价的？

如果再次去考虑两个相对于彼此做匀速运动的坐标系，那么这个问题的解答就可以理解了。

根据经典物理学，在两个相对于彼此做匀速运动的坐标系中的观察者会为某个事件指定不同的空间坐标，但它们的时间坐标是相同的。因此，在我们下落质点的例子中，石头落到地面这一事件在我们选择的坐标系中用时间坐标"4"和空间坐标"0"来描述。根据经典力学，对于一位相对于选定的坐标系匀速运动的观察者来

物理学的进化

说，石头仍然会在下落 4 秒钟后到达地面。但这位观察者会按照他的坐标系来确定距离，并且一般而言他会给这一碰撞事件不同的空间坐标，尽管时间坐标对于他和所有其他相对于彼此做匀速运动的观察者来说都是相同的。经典物理学只接受对于所有观察者成立的"绝对"时间流这一事实。对于每个坐标系，它的二维连续体可以分解为两个一维连续体：时间的和空间的[1]。由于时间的"绝对"性质，在经典物理学中，从"静态"运动图像转变到"动态"运动图像具有客观的意义。

但我们已经使自己确信，经典变换不能在物理学中普遍使用。从实用的观点来看，它在低速的情况下仍然是有用的，但无力去解决那些基本的物理问题。

根据相对论，石头与地球碰撞的时间不是对所有观察者来说都是一样的。时间坐标和空间坐标在两个坐标系中会是不同的，如果两个坐标系之间的相对速度接近光速，那么两个时间坐标的不一致就会相当明显。此时的二维连续体不能像经典物理学那样分解成两个一维连续体。在确定另一个坐标系中的时空坐标时，我们不能把空间和时间分开来考虑。从相对论的观点看，把此时

---

[1] 参见《物理学中的几何方法》，冯承天、余扬政著，哈尔滨工业大学出版社，2018 年。——译注

的二维连续体分解成两个一维连续体似乎是一个没有客观意义的随意之举。

我们很容易将我们刚才所说的内容推广到不限于在一条直线上运动的情况。事实上，要描述自然界中的事件，必须用四个数，而不是两个数。我们通过物体及它们的运动而构想出来的物理空间有三个维度，因此质点的位置要用三个数来描述。一个事件发生的时刻是第四个数。每一个事件都对应于四个确定的数；任何四个数都有一个确定的事件与之对应。因此，事件世界就构成了一个四维连续体（*four-dimensional continuum*）。关于这一点并无任何神秘之处，最后一句话对于经典物理学和对于相对论同样适用。不过，当考虑两个相对于彼此做匀速运动的坐标系时，会又一次显露出差别来。假设有一间房间在移动，房间内外的观察者要去确定一些相同事件的时空坐标。经典物理学家再次将这个四维连续体分割成一个三维空间和一个一维时间连续体。守旧的老物理学家只关心空间变换，因为时间对他来说是绝对的。他发现，把该四维世界连续体分解成空间和时间既自然又方便。但是从相对论的观点来看，从一个坐标系过渡到另一个坐标系时，空间，还有时间，都发生了改变。洛伦兹变换顾及了我们四维事件世界的四维时空连

物理学的进化

续体的各种变换特性。

事件世界可以用一个随时间变化并投影到三维空间背景上的图像来动态地描述。但它也可以用投影到一个四维时空连续体背景上的一张静态图像来描述。从经典物理学的观点来看，这两种图像，即动态图像和静态图像，是等价的。但从相对论的观点来看，静态图像则更方便、更客观。

即使在相对论中，如果我们愿意的话，仍然可以使用动态图像。但我们必须记住，时间和空间的这一分解是没有客观意义的，因为时间不再是"绝对的"了。在接下去的几页中，我们将仍然使用"动态"的语言而不是"静态"的语言，但是我们得牢记这种处理的局限性。

广义相对论

现在还有一点需要澄清。在那些最基本的问题中，还有一个尚未解决：是否存在惯性系？我们已经学习了一些关于自然定律的知识，它们在洛伦兹变换下的不变性，以及它们对所有相对于彼此做匀速运动的惯性系都成立。我们有了不少定律，但不知道它们是针对什么参考系而言的。

为了更清楚地认识到这一难题，让我们来采访一下下面这位经典物理学家，听听他对一些简单的问题的看法：

"什么是一个惯性系？"

"它是一个力学各定律在其中成立的坐标系。一个没有外力作用的物体在这样一个坐标系中做匀速运动，这一性质使得我们能够把惯性坐标系与任何其他坐标系区别开来。"

"但是说没有外力作用在一个物体上指的是什么意思呢？"

"这只不过意味着这个物体在一个惯性坐标系中做匀速运动。"

到这里，我们又能再一次提出上面这个问题了："什么是一个惯性坐标系？"但是，既然要得到不同于上述答案的希望渺茫，那就让我们试着通过改为下面这个问题来获取一些具体的信息：

"一个与地球刚性连接的坐标系是一个惯性坐标系吗？"

"不是的，由于地球的自转，力学定律在地球上并不严格成立。对于许多问题，与太阳刚性连接的一个坐标系可视为一个惯性坐标系；但当我们谈及太阳旋转时，我们又一次理解到，与其相连的一个坐标系不能被视为一个严格的惯性系。"

　　　　　　　　　　　物理学的进化

"那么，具体一点，你的惯性坐标系是什么，如何选择它的运动状态？"

"这仅仅是一个派得上用场的虚构，至于如何来实现它，我一无所知。只要我能远离所有的物体，摆脱所有的外部影响，那么我的坐标系就会是一个惯性坐标系。"

"但是你所说的一个不受任何外部影响的坐标系是什么意思呢？"

"我的意思就是说这个坐标系是一个惯性坐标系。"

我们再一次回到了我们一开始提出的那个问题！

我们的访谈揭示了经典物理学中的一个严重的难题。我们有定律，但却不知道它们是相对于什么参考系而言的。我们的整个物理结构似乎都建立在沙土之上。

我们可以从一个不同的视角来探讨这个困难。试着想象在整个宇宙中只有一个物体，它构成了我们的坐标系。这个物体开始旋转。根据经典力学，对于一个旋转物体成立的物理定律与对于一个非旋转物体成立的物理定律是不同的。如果惯性原理在其中的一种情况下成立，那么在另一种情况下就不成立。但所有这一切听起来都十分可疑。允许在整个宇宙中只考虑一个物体的运动吗？我们所说的一个物体的运动，总是指它相对于另一个物体的位置变化。因此，只谈论一个物体的运动是违背常识的。经典力学在这一点上与常识有着很大的分歧。牛顿的诀窍是：如果惯性原理成立，那么它所涉及的坐标系要么处于静止状态，要么在做匀速运动。如果惯性原理不成立，那么该物体就在做非匀速运动。因此，我们对运动或静止的判断取决于是否所有物理定律都适用于一个给定坐标系。

以太阳和地球这两个物体为例。我们观察到的运动也是相对的。可以在与地球相连的坐标系中，也可以在与太阳相连的坐标系中来描述这一运动。从这个角度来看，哥白尼的伟大成就在于将地球坐标系转换成了太阳坐标系。但由于运动是相对的，任何参考系都可以使用，因此似乎没有理由偏向一个坐标系而不是另一个坐标系。

物理学再次介入了进来，并改变了我们的常识观点。与太阳相连的坐标系比与地球相连的坐标系更像一个惯性系。物理定律应该更适用于哥白尼的坐标系，而不是托勒密[1] 的坐标系。只有从物理学的角度，才能欣赏到哥白尼的发现之伟大。它显示出使用一个与太阳刚性连接的坐标系来描述行星运动的巨大优势。

在经典物理学中不存在任何绝对的匀速运动。如果

---

[1]克罗狄斯·托勒密（Claudius Ptolemy，约 100—170 ），古希腊天文学家、地理学家、占星学家和光学家。——译注

物理学的进化

两个坐标系相对于彼此做匀速运动，那么说"这个坐标系静止而另一个坐标系在运动"是没有意义的。但是，如果两个坐标系相对于彼此做非匀速运动，那么我们就有很好的理由说"这个物体在运动而另一个处于静止状态（或在做匀速运动）"。绝对运动在这里具有非常明确的含义。在这一点上，常识与经典物理学之间存在着巨大的鸿沟。上述的这些困难，即惯性系的困难和绝对运动的困难，是紧密相连的。绝对运动只有在惯性系的概念下才有可能实现，惯性系是自然定律对其成立的坐标系。

也许看起来似乎是没有办法摆脱这些困难的，似乎没有任何物理理论可以避开它们。它们的根源在于，各自然定律仅对一类特殊坐标系成立，即对惯性系成立。解决这些困难的可能性取决于对以下问题的回答。我们能否构想出一些物理定律，使它们对于所有坐标系都成立？即它们不仅对于相对于彼此做匀速运动的坐标系成立，而是对于相对于彼此做任意运动的坐标系也成立？如果能做到这一点，我们的困难就烟消云散了。这样我们就能够把自然的定律应用于任何坐标系了。托勒密的观点和哥白尼的观点之间的斗争在科学的早期是如此激烈，而到此时就会变得毫无意义了。任何一个坐标系都可以同样正当地加以使用。"太阳静止而地球在运动"或

"太阳在运动而地球静止"这两种说法，仅仅意味着我们采用了两个不同坐标系而得出的两种不同的习惯说法而已。

我们能否建立起一种对所有坐标系都成立的、真正的相对论物理学，在这种物理学中，绝对运动不再有容身之地，而只有相对运动？这确实是可以办到的！

关于如何建立这种新的物理学，我们至少有一个指示，尽管是一个非常弱的指示。真正的相对论物理学必须适用于所有的坐标系，因此也就必须适用于惯性坐标系这一特殊情况。我们已经知道在这个惯性坐标系中成立的各定律。新的、适用于所有坐标系的那些普遍定律，在惯性系这一特殊情况下，必须还原为这些旧的、已知的定律。

所谓的广义相对论（*general relativity theory*）解决了为每个坐标系构建物理定律的问题；以前只适用于惯性系的理论被称为狭义相对论（*special relativity theory*）。当然，这两种理论不能互相矛盾，因为我们始终必须将狭义相对论的那些旧定律列为广义定律在惯性系的情况下得出的那一部分。这是因为物理定律以前仅对于惯性坐标系阐述，而惯性坐标系现在仅是一种特殊的极限情况（因为相对于彼此做任意运动的所有坐标系现在都是

　　　　　　　　　　　物理学的进化

允许的)。

这是广义相对论的纲要。但是，在勾勒这一纲要的实现方式时，我们就不得不比以前我们所采用的方式更加含糊一些。在科学发展中出现的各种新困难迫使我们的理论越来越抽象。意想不到的旅程还在等着我们。但我们的最终目标不管怎样说是要去更好地理解客观现实。在连接理论与观测的逻辑链条上添加各个环节。为了在从理论到实验的道路上清除那些不必要的、人为的假设，为了容纳不断广泛的事实层面，我们必须使这根链条越来越长。我们的假设变得越简单、越基本，我们需要的数学推理工具就越错综复杂，从理论到观测的路途就变得越长、越微妙、越复杂。虽然这听起来很矛盾，但我们可以说：现代物理学比旧的物理学简单，因此看起来更困难、更复杂难懂。我们对外部世界的图像越简单，它包含的事实越多，那它在我们的头脑中反映出的宇宙和谐就越强烈。

我们的新想法很简单：建立一种对所有坐标系都成立的物理学。要实现这一点会带来形式上的复杂结构，迫使我们使用不同于物理学中迄今为止所使用的那些数学工具。在下面，我们只阐明实现这个纲要与引力和几何学这两大主要问题之间的关联。

在电梯内外

惯性定律标志着物理学中的第一个重大进步，事实上是物理学的真正开始。它是通过对一个理想实验的思考而得到的：在没有摩擦力，也没有任何其他外力作用的情况下，一个物体会永远运动下去。从这个例子，以及后来的许多其他例子中，我们认识到了由思维创造的理想实验的重要性。此处将再次讨论一些理想实验。尽管这些实验听起来非常不现实，但它们将帮助我们通过我们的一些简单方法尽可能多地理解相对论。

我们先前讨论过一些理想实验，采用的是一个匀速运动的房间。我们在这里换换花样，采用一个下降的电梯。

想象在一座摩天大楼的顶部有一部巨大的电梯，这座大楼比任何一座现存的摩天大楼都要高得多。突然间，吊着电梯的钢索断裂了，电梯向着地面自由下落。电梯里的一些观察者在电梯下落过程中进行一些实验。在叙述这些实验时，我们不必担心空气阻力或摩擦，因为在我们的理想条件下，可以忽略它们的存在。其中的一位观察者从他的口袋里掏出一块手帕和一块手表，并让它们下落。这两个物体会发生什么？对于通过电梯窗户向

　　　　　　　　　　　物理学的进化

里看的外部观察者而言，手帕和手表以完全相同的方式落向地面，它们的加速度相同。我们记得，下落物体的加速度与其质量是完全无关的，正是这个事实揭示了引力质量和惯性质量的相等（参见"还留下一条线索"一节）。我们还记得，从经典力学的观点来看，引力质量和惯性质量的相等是极为偶然的，在经典力学的结构中不起任何作用。不过在这里，由所有下落物体的加速度都相等这一事实反映出来的这一相等关系是必不可少的，而且构成了我们整个论证的基础。

让我们回到下落的手帕和手表上来。对于电梯外的观察者来说，它们以相同的加速度下落。但电梯及其墙壁、天花板和地板也是如此。因此：这两个物体与地板之间的距离不会改变。对于电梯内的观察者来说，这两个物体完全停留在他释放时的位置处。电梯内的观察者可以忽略引力场，因为其源在他的坐标系之外。他发现电梯内部没有任何力作用在这两个物体上，因此它们处于静止状态，就像它们在惯性坐标系中一样。有一些奇怪的事情在电梯中发生！如果这位观察者向任何方向推一个物体，例如向上或向下，只要该物体不与电梯的天花板或地板相撞，它就会一直做匀速运动。简而言之，经典力学的那些定律对电梯内的观察者是成立的。

所有物体都以惯性定律所预期的方式运动。与自由下落的电梯刚性连接的这个新坐标系与惯性坐标系仅在一个方面不同。在一个惯性坐标系中，一个不受力作用的运动物体将永远匀速运动。在经典物理学中所表述的惯性坐标系在空间和时间上都不受限制。不过，在我们电梯里的这位观察者的情况是不同的。他的坐标系的惯性特性在空间和时间上都是受限制的。匀速运动的物体迟早会与电梯壁相撞，从而毁掉匀速运动。整个电梯迟早会与地球相撞，从而毁掉这些观察者以及他们的实验。这个坐标系只是实际的惯性坐标系的一个"小型版本"而已。

坐标系的这种局域性是极为本质的。如果我们的这部想象中的电梯从北极一直延伸到赤道，手帕放置于北极上方，而手表放置于赤道上方，那么对于电梯外的观察者来说，这两个物体就不会具有相同的加速度。它们不会相对于彼此静止。我们的整个论证要分崩离析了！电梯的尺寸必须受到限制，这样才能假设所有物体相对于电梯外的观察者的加速度是相等的。

在这种限制下，这个坐标系对于电梯内观察者呈现出惯性系的特性。我们至少可以指出一个坐标系，在这个坐标系中所有的物理定律都成立，尽管它在时间和空

　　　　　　　　　　　物理学的进化

间上都是受限制的。如果我们想象另一个坐标系，即另一部电梯，它相对于这部自由下落的电梯做匀速运动，那么这两个坐标系就都会是局域惯性系。在这两个坐标系中所有的定律都是完全相同的。从其中一个坐标系到另一个坐标系的变换是由洛伦兹变换给出的。

让我们来看一下电梯内外的这两位观察者是如何描述电梯里所发生的事情的。

电梯外的观察者注意到电梯以及其中所有物体的运动，并发现这些运动都符合牛顿引力定律。对他来说，这一运动不是匀速的，而是加速的，这是由于地球引力场的作用。

不过，在电梯中出生和长大的一代物理学家则有着截然不同的推理方式。他们会相信自己拥有一个惯性系，并且会针对他们的电梯来言及所有的自然定律，进而振振有词地说，这些定律在他们的坐标系中呈现出一种特别简单的形式。他们会很自然地假定他们的电梯是静止的，而他们的坐标系是一个惯性系。

电梯内外的观察者之间的分歧是不可能取得一致的。他们各自声称将所有事件归结到他自己的坐标系的正当性。对事件的这两种描述都可以同样做到始终如一。

我们从这个例子可以看出，在两个不同的坐标系中，即使它们相对于彼此做非匀速运动，也有可能对物理现象进行一致的描述。但是要有这样的一种描述，我们就必须将引力考虑在内。这简直可以说是架起了一座"桥梁"，它使我们能从一个坐标系过渡到另一个坐标系。对于电梯外的观察者来说，引力场存在；对于电梯内的观察者来说，引力场不存在。对于电梯外的观察者，存在着电梯在引力场中的加速运动；对于电梯内的观察者，电梯是静止的，不存在引力场。不过，使我们可以在这两个坐标系中都给出描述的引力场这座"桥梁"，建筑在一个非常重要的支柱上：引力质量和惯性质量的等价性。如果没有这条在经典力学中没有被注意到的线索，那么我们现在的论证就会完全失效。

现在来看另一个有点不同的理想实验。我们假设存在一个惯性坐标系，惯性定律在其中成立。我们已经描述了静止在这样一个惯性坐标系中的电梯会发生什么，但是现在我们要改变一下我们的图像。电梯外有人将一根绳子系在电梯上，并用一个恒定的力按图 63 中所示的方向拉。如何做到这一点并不重要。由于力学定律在这个坐标系中成立，因此整个电梯在运动方向上具有恒定的加速度。我们还是来听一听电梯外和电梯内的那两位观察者对电梯里发生的现象所作的解释。

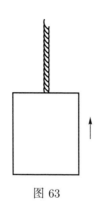

图 63

电梯外的观察者：我的坐标系是一个惯性系。电梯由于有一个恒力在作用而以恒定的加速度运动。电梯内的观察者处于绝对运动状态，力学定律对他们不成立。他们不会觉察到不受外力作用的物体处于静止状态。如果让一个物体处于无约束的状态，那么它很快就会与电梯的地板相撞，这是因为地板在朝着物体向上移动。一块手表和一块手帕也会发生完全一样的情况。在我看来很奇怪的是，电梯里的观察者必定总是站在"地板"上，因为只要他跳起来，地板就会再次触及他。

电梯内的观察者：我看不出有任何理由认为我的电梯是绝对运动的。与我的电梯刚性连接的坐标系并不是真正的惯性系，这一点我同意，但我不认为它与绝对运动有任何关联。我的手表、我的手帕，以及所有的物体都在下落，这是因为整个电梯都处于一个引力场中。我观察到的各种运动和地球上的人观察到的完全一样。他用一个引力场的作用很简单地解释了这些运动。这些对我同样适用。

这两种描述，一种来自电梯外的观察者，另一种来自电梯内的观察者，两者都无懈可击，没有可能去决定其中的哪一种是正确的。我们可以采用其中任何一种来描述电梯中的现象：要么按照电梯外的观察者的描述，是非匀速运动，不存在引力场；要么按照电梯内的观察者的描述，是静止的，存在着引力场。

电梯外的观察者可能认为电梯处于"绝对"非匀速运动状态。但是，如果一个运动可由假定了一个起作用的引力场就能消除的话，那么这个运动就不能被视为绝对运动。

从如此不同的两种描述的模棱两可中，也许能找到一条出路，并且有可能作出一个判定，是支持这种描述还是那种描述。想象有一束光线通过一扇侧窗水平进入电梯，在很短的时间后到达对面的墙。让我们再来看看这两位观察者会如何预测这束光的路径。

电梯外的观察者认为电梯在加速运动，他会争辩说：光线进入窗户后，向着对面的墙以恒定的速度沿直线水平运动。但是电梯在向上运动，在光前进到墙的这段时间里，电梯的位置改变了。因此，光线与墙相遇的点不是在它的进入点的正对面，而是会偏下方一点点（图 64）。这一差异会很微小，但无论如何它是存在的，光线相对于电梯不是沿直线传播的，而是沿着一条稍有一点弯曲的线。这种差异是由于在光线穿过电梯内部这段时间里，电梯已经过了一段距离而造成的。

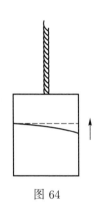

图 64

电梯内的观察者认为有一个引力场作用于他的电梯中的所有物体。他会说：电梯没有任何加速运动，只有引力场的作用。光束是没有重量的，因此不会受到引力场的影响。如果光束是以水平方向发送的，那么它会射向墙上正对它进入位置的那一点。

从这一讨论看来，在这两个相反的观点之间是有可能作出判定的，因为这两位观察者得出了不同的结果。

如果刚才引用的两种解释都没有不合逻辑的地方，那么我们之前的整个论证就被推翻了，而我们不能用两种各自一致的方式（在一种有引力场和一种没有引力场的情况下）来描述所有的现象。

但幸运的是，在电梯内的观察者的推理中有一个严重的错误，这就挽救了我们先前的结论。电梯内的观察者说："光束是没有重量的，因此不会受到引力场的影响。"这不可能是正确的！光束携带能量，而能量具有质量。但是，因为惯性质量和引力质量是等价的，所有惯性质量都会受到引力场的吸引。光束在引力场中会弯曲，正如将一个物体以与光速相等的速度水平抛掷时，它的路径也会弯曲。倘若电梯内的观察者能作出正确的推理，并且已考虑到了光线在引力场中的弯曲，那么他就会得出与电梯外的观察者完全相同的结果。

地球的引力场当然太弱了，因此光线在其中的弯曲无法通过实验直接给予证明。不过，在日食期间进行的那些著名实验确凿地（虽然是间接地）表明了引力场对光线路径的影响[1]。

---

[1] 可参见《相对论：狭义与广义理论——发表 100 周年纪念版》，阿尔伯特·爱因斯坦著，哈诺克·古特弗洛因德、于尔根·雷恩编，涂泓、冯承天译，人民邮电出版社，2020 年。——译注

从这些例子可以看出，希望建立相对论物理学是有充分根据的。但为此，我们必须首先着力解决引力的问题。

我们从电梯的例子中看到了两种描述的一致性。是否假设非匀速运动都可以。我们可以通过一个引力场在我们的这些例子中消除"绝对"运动。但是那样的话，在非匀速运动中就没有任何绝对的东西了。引力场能够将其绝对性完全消除。

绝对运动和惯性坐标系的幽灵能从物理学中排除出去，一种新的相对论物理学被建立起来。我们的理想实验表明了广义相对论的问题是如何与引力的问题紧密联系在一起的，以及为什么引力质量与惯性质量的等价性对这种联系如此重要。很明显，在广义相对论中解决引力问题一定不同于牛顿的解答。有关引力的一些定律必定像自然界的所有其他定律一样，要可以在所有可能的坐标系下阐述，而牛顿所阐述的经典力学定律只有在惯性坐标系下才成立。

几何学与实验

我们的下一个例子会比下降电梯的例子更异想天开。我们必须与一个新问题打交道，即广义相对论与几何学之间联系的问题。让我们首先来描述一个其中只生存着二维生物的世界[1]，而不像我们的世界那样生存着三维的生物。电影已经使我们习惯了在二维屏幕上表演的二维生物。现在让我们想象这些影子人物（也就是屏幕上的演员们）是真实存在的，他们有思维能力，他们能创造自己的科学。对他们来说，一块二维屏幕就意味着他们的几何空间。这些生物无法以一种具体的方式想象三维空间，正如我们无法想象一个四维世界一样。他们可以使直线偏转；他们知道什么是圆，但是他们无法构造一个球，因为这意味着他们要离开他们的二维屏幕。我们的状况与此类同。我们能够使线和面发生偏转和弯曲，但我们几乎不可能描绘出一个偏转的和弯曲的三维空间。

通过生活、思考和实验，我们的这些影子人物最终能够掌握二维欧氏几何的知识。因此他们能够证明，例如三角形的内角之和是 180 度。他们能够作两个同心圆，一个很小，而另一个很大。他们会发现两个这样的圆的周长之比就等于它们的半径之比，这个结果也是欧氏几何的特征。如果屏幕无限大，那么这些影子生物就会发现，一旦开始一段笔直向前的旅程，他们就再也不会回

---

[1] 英国中学校长、神学家、牧师埃德温·A. 艾勃特（Edwin A. Abbott, 1838—1926）在 1884 年出版的科幻小说《平面国》（Flatland）中，就描述过这样一个神奇的二维世界。可参见《平面国》，涂泓译，冯承天译校，高等教育出版社，2022 年。——译注

到原来的出发点。

现在让我们想象这些二维生物生活在变化了的环境之中。我们想象有一个从外面来的人，即从"第三维"来的人，这个人把他们从屏幕中迁移到一个半径非常大的球面上。如果这些影子生物相对于整个球面来说非常小，如果他们没有远距离通信的手段，也不能移动得很远，那么他们就不会意识到任何变化。小三角形的内角之和仍然等于 180 度。两个小同心圆仍然显示它们的半径之比等于周长之比。沿着直线的旅程永远不会把他们带回到起点。

但是随着时间的推移，这些影子生物建立起他们的理论和技术知识。他们有了交通工具，这使他们能够迅速跨越很远的距离。于是他们就会发现，如果笔直向前开始旅行，那么他们最终会仍回到原来的出发点。"笔直向前"是指沿着球面上的一个大圆向前。他们还会发现，两个同心圆，如果其中一个半径很小，另一个半径很大，那么它们的周长之比不等于它们的半径之比[1]。

如果我们的二维生物是保守的，如果在他们无法远行的时候，在欧氏几何与观察到的事实相符的时候，世

---

[1] 参见《渴望不可能——数学的惊人真相》，约翰·史迪威著，涂泓译，冯承天译校，上海科技教育出版社，2020 年。——译注

世代代学习了这种几何学，那么尽管有测量证据，他们肯定还是会尽一切可能保住这种几何学。他们可以设法让物理学为这些差异承担责任。他们可以寻找一些物理上的原因，比如说温度差异使线发生变形并导致偏离欧氏几何。但他们迟早必定会认识到，有一种更合乎逻辑、更令人信服的方式来描述这些事件。他们最终会明白，他们的世界是一个有限的世界，其几何原理与他们以前所学的不同。他们会明白，尽管无法想象，他们的世界是二维曲面中的球面。他们很快就会学到新的几何学原理，尽管这些几何学原理与欧氏几何学原理不同，但对于他们的二维世界仍可以用同样一致的、合乎逻辑的方式表述出来。对于随着球面几何知识成长的新一代人而言，旧的欧氏几何会显得更费解和人为，因为它不符合所观察到的各种事实。

让我们回来讨论我们的世界中的三维生物。

我们的三维空间具有欧氏几何的特征，这一说法是什么意思？它的意思就是说，所有在逻辑上得到证明的欧氏几何命题，也可以通过实际的实验得到证实。我们借助刚体或光线可以构造出与欧氏几何的理想物体相对应的物体。直尺的边缘或光线与直线相对应；由细刚性杆构成的三角形的内角之和为 180 度；由不可弯曲的细金属丝构成的两个同心圆的半径之比等于它们的周长之比。以这种方式来解释，欧氏几何就变成了物理学的一章，尽管是非常简单的一章。

但我们可以想象到已经发现了一些不相同之处：例如，一个由杆（有许多原因必须认为它们是刚性的）构成的大三角形的内角之和不是 180 度。既然我们已经习惯于用刚体来具体表示欧氏几何中的物体这一想法，那么我们很可能应该去寻找某个物理力，作为我们的杆的这种意料之外的不当行为的原因。我们应该设法找出这种力的物理性质，以及它对其他现象的影响。为了挽救欧氏几何，我们会怪罪于此时的物体不是刚性的，怪罪于此时的物体不完全符合欧氏几何中的那些物体的性质。我们应该设法为其行为方式符合欧氏几何期望的那些物体找到一个更好的描述。不过，如果我们不能成功地将欧氏几何与物理学结合成一个简单而一致的图像，我们就必须放弃我们的空间是欧氏空间这一观念，而在关于我们空间几何特征的一些更一般的假设下，寻求一个更具说服力的现实图像。

这一点的必要性可以通过一个理想实验来阐明，这个理想实验表明，一种真正的相对论物理学不能建立在欧氏几何的基础上。我们下面的论证将必须用到我们已经学到的关于惯性坐标系和狭义相对论的那些结果。

想象一个大圆盘，上面画着两个同心圆，其中一个很小，另一个很大。圆盘快速旋转。圆盘是在相对于一位外部观察者旋转，而圆盘上还有一位内部观察者。我们进一步假设，这位外部观察者的坐标系是一个惯性坐标系。外部观察者可以在他的惯性坐标系中画出同样的一大一小两个圆，它们在他的坐标系中是静止的，而与旋转圆盘上的两个圆分别重合。欧氏几何在他的坐标系中成立，因为这是一个惯性坐标系，所以他会发现这两个圆的周长之比等于它们的半径之比。但是圆盘上的那位观察者会看到什么呢？无论从经典物理学的观点，还是从狭义相对论的观点来看，他的坐标系都是被禁止的。但是，如果我们试图为物理定律找到在任何坐标系下都成立的新形式，那么我们就必须以同样严肃认真的态度对待圆盘上的观察者和圆盘外的观察者。现在我们正在从外面观察那位内部观察者，他试图通过测量得到这个旋转圆盘的周长和半径。他使用的小测量杆与外部观察者所使用的是相同的。这里"相同"的意思要么是实际上是一样的，也就是说，小测量杆是由外部观察者交给内部观察者的，要么是这两根测量杆当静止在一个坐标系中时具有相同的长度。

圆盘上的内部观察者开始测量小圆的半径和周长。他的结果与外部观察者的结果必定相同。圆盘的旋转轴通过圆心（图 65）。圆盘靠近中心的那部分速度很小。如果这个圆足够小，我们就可以有把握地应用经典力学而不理会狭义相对论。这意味着这根测量杆对于外部观察者和内部观察者具有相同的长度，因此内部和外部观察者各自所作的测量的结果是相同的。现在圆盘上的观察者测量大圆的半径。放置在半径上的测量杆对于外部观察者是运动的。不过，这样一根测量杆不会收缩，它对两位观察者来说长度相同，这是因为测量杆的运动方向与测量杆垂直。因此，内部与外部观察者有三个相同的测量值：两个半径和小圆周长。但对于第四次测量，情况就不是这样了！大圆周长对于这两位观察者是不同的。在外部观察者看来，与静止的测量杆相比，现在沿着圆周运动方向放置的测量杆发生了收缩。这一运动速度远

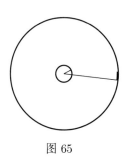

图 65

大于内圆的速度，因而这种收缩应该考虑进去。因此，倘若我们应用狭义相对论的结果，那么我们在此处得到的结论是：如果两位观察者对大圆的周长进行测量，那么它们必定是不同的。由于这两位观察者所测量的四个长度中，只有一个长度对他们两人是不同的，因此对于内部观察者来说，此时两个半径之比就不可能等于两个周长之比，而对于外部观察者来说，这两个比值是相同的。这意味着圆盘上的观察者无法证实欧氏几何在他的坐标系中是成立的。

得到这个结果后，圆盘上的观察者可能会说，他不想考虑欧氏几何在其中不成立的坐标系。欧氏几何的崩溃是由于绝对旋转，由于他的坐标系是一个不好的、被禁止的坐标系这一事实。但是，他以这种方式争辩，就否决了广义相对论的主要观点。另一方面，如果我们想摒弃绝对运动，而坚持广义相对论的观点，那么物理学就必须完全建立在比欧氏几何更普适的几何学基础上。如果所有的坐标系都是允许的，那就没有办法摆脱这一结果。

广义相对论带来的种种变化不能仅仅局限于空间。在狭义相对论中，我们的钟静止在每个坐标系中，具有相同的节奏，并且是同步的，即同时显示同一时间。处于非惯性坐标系中的一个钟会发生什么？圆盘理想实验在此会再次发挥作用。外部观察者在他的惯性坐标系中有一些完美的钟，它们都具有相同的节奏，并且都是同步的。内部观察者取两个相同类型的钟，将一个放在内侧小圆上，另一个放在外侧大圆上。内圆上的钟相对于外部观察者的速度很小。因此，我们可以有把握地断言它的节奏将与外部的钟的节奏相同。但是，放在大圆上的那个钟具有相当大的速度，因此与外部观察者的那些钟相比它的节奏发生了变化，从而与小圆上的钟相比也发生了变化。因此，两个旋转的钟会具有不同的节奏，而应用狭义相对论的结果，我们就会再次看到，在我们的旋转坐标系中，我们不能进行类似于在一个惯性坐标系中的那些安排。

为了弄清楚从这个理想实验和之前描述过的那些理想实验中可以得出什么结论，让我们再次引用老物理学家 O 与现代物理学家 M 之间的一段对话，前者相信经典物理学，后者知悉广义相对论。O 是处在惯性坐标系中的外部观察者，而 M 在旋转圆盘上。

O：在你的坐标系中，欧氏几何不成立。我观察了你的测量，并且同意在你的坐标系中，大小圆的两条周长之比不等于这两个圆的两条半径之比。但这表明你的坐标系是被禁止的。然而，我的坐标系是一个惯性系，因此我可以毫无问题地应用欧氏几何。你的圆盘在做绝对运动，从经典物理学的观点来看，它构成了一个禁止坐标系，力学定律在这个坐标系中不成立。

M：我不想听到任何关于绝对运动的事情。我的坐标系和你的一样好。我注意到的是，你在相对于我的圆盘旋转。没有人能禁止我把所有的运动与我的圆盘关联起来。

O：但是，你没有感觉到有一个奇怪的力在试图让你远离圆盘中心吗？倘若你的圆盘不是一台快速旋转的旋转木马，那么你所观察到的这两件事肯定不会发生。你不会察觉到把你向外推的力，也不会察觉到欧氏几何不适用于你的坐标系。这些事实还不足以让你深信你的坐标系是处于绝对运动之中吗？

M：完全没有！我当然察觉到了你提到的两个事实，但我认为有一个奇怪的引力场作用在我的圆盘上，这两个事实都是由它导致的。这个指向圆盘外侧的引力场使我的刚性杆变形，并改变了我的钟的节奏。这个引力场、非欧几何、不同节奏的钟，这些对我来说都是紧密地关联在一起的。要接受任何坐标系，我就必须同时假定存在着一个适当的引力场，它对刚性杆和钟会产生影响。

O：但是你意识到你的广义相对论所带来的困难了吗？我想通过举一个简单的非物理例子来阐明我的观点。想象一个理想化的美国城市，由平行的大街和平行的大道组成，这些大街与大道相互垂直。相邻大街的间距全都一样，相邻大道也是如此。如果这些假设都满足的话，那么各街区的大小就完全相同。有了这样的城市布局，我很容易就能描述任何一个街区的位置。但如果没有欧氏平面，那么这样的构建就不可能。因此，举例来说，我们不能用一个巨大的理想化的美国城市来覆盖整个地球。只要看一眼地球仪，你就会深信这一点。但我们也不能用这样的"美国城市构建"来覆盖你的圆盘。你声称你的测量杆在引力场作用下发生了变形。你无法证实欧几里得关于半径之比与周长之比相等的那条定理，这一事实清楚地表明，只要你把这样一个横纵街道结构延展得足够远，那么你迟早会遇到困难，于是发现这在你的圆盘上是不可能办到的。你的旋转圆盘上的几何结构就类似于曲面上的几何结构。在足够大的一部分曲面上，横纵街道结构当然是不可能实现的。举一个更具物理性质的例子，以一个不规则加热的平面为例，在这个面上的不同部分有不同的温度。你能不能用一些会随着温度升高而伸长的小铁棍，铺展出我在下面所画的这个"平

行–垂直"结构（图 66）？当然不能！你的"引力场"对你的测量杆所起的作用，就像温度变化对这些小铁棍所起的作用是一样的。

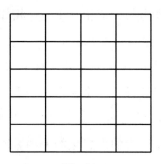

图 66

M：所有这些都不会使我惊恐。要确定点的位置，就需要横纵街道结构，钟则用来确定事件发生的顺序。这个城市不一定是美国式的，也完全可以是古欧洲式的。想象你的理想化城市是用橡皮泥建成的，然后变形了。我仍然可以给各街区编号，也仍然能辨认出各条横纵街道（图 67），尽管它们不再是笔直的，也不再是等距的。同样，在我们的地球上，尽管不存在"美国城市"的那种构建，也可以用经纬度来表示点的位置。

O：但我仍然看到了一个困难。我使得你不得不搬出你的"欧洲城市构建"。我同意你可以确定点或事件的顺序，但这种构建会把所有的距离测量弄得一团糟。它

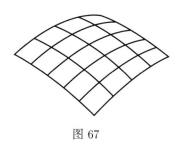

图 67

不会像在我的结构中那样给出空间的度规性质（*metric properties*）。下面来举一个例子。我知道，在我的美国城市里，要走过十个街区，我就必须走过五个街区的两倍距离。因为我知道所有的街区都是划一的，因此我可以立即确定要求的距离。

　　M：确实如此。在我的"欧洲城市构建"中，我无法通过变形的街区数量来直接度量出距离。我必须知道得更多，我必须知道我的表面的各种几何性质。众所周知，赤道上从经度 0° 到 10° 的距离与靠近北极处从经度 0° 到 10° 的距离是不同的。但是每位航海家都知道如何判断地球上这样的两个点之间的距离，这是因为他知道地球的几何性质。他既可以根据球面三角的知识进行计算来求得，也可以通过实验：驾驶他的船以相同的速度航行通过这两段距离。就你的情况而言，整个问题变得微不足道，因为所有的大街和大道都是等距的。就

我们的地球而言，情况就比较复杂了。0° 和 10° 这两条经线在地球的两极相交，而在赤道上相距最远。类似地，在我的"欧洲城市构建"中，为了确定距离，我必须比你在"美国城市构建"中知道得更多。我可以通过研究我的连续体在每种特定情况下的各种几何性质来获得这些额外的知识。

O：但所有这一切只有助于表明，放弃简单的欧氏几何结构，代之以你一定要使用的那种错综复杂的框架，是多么不方便和复杂。这真的有必要吗？

M：如果我们想把我们的物理学应用于任何坐标系，而没有神秘的惯性坐标系，那么恐怕这确实是有必要的。我的数学工具比你的更复杂，这一点我同意，但我的物理假设更简单、更自然。

这场两人的对话仅局限于二维连续体。广义相对论所论述的要点更为复杂，因为它不是二维连续体，而是四维时空连续体。但是涉及的那些观点与二维情况下勾勒出来的那些观点是一样的。在广义相对论中，我们不能再像狭义相对论那样，使用由平行、垂直的杆和同步的钟而构成的力学框架。在一个任意坐标系中，我们不能像在狭义相对论的惯性坐标系中那样，通过使用刚性杆和有节奏的、同步时钟来确定事件发生的地点和时刻。

我们仍然可以用我们的非欧几何的测量杆和我们偏离节奏的钟来确定事件发生的顺序。但实际测量需要刚性杆和节奏完美的、同步的钟，于是这些测量只能在局域惯性坐标系中进行。对此，整个狭义相对论是成立的。但是我们的"好"坐标系只是局域的，它的惯性特性在空间和时间上是受到限制的。即使在我们的任意坐标系中，我们也可以预见在局域惯性坐标系中进行的那些测量的结果。但为了做到这一点，我们必须知道时空连续体的几何特征。

我们的一些理想实验只指出了新相对论物理学的一般特征。这些实验向我们表明了：我们的根本问题是引力的问题。它们还表明，广义相对论导致了时间和空间概念的进一步推广。

广义相对论及其验证

广义相对论试图系统地为所有坐标系提出物理定律。该理论的基本问题是引力的问题。自牛顿时代以来，这一理论第一次认真地重新表述了引力定律。这真的有必要吗？我们已经了解牛顿理论的各项成就，以及基于牛顿引力定律的天文学的巨大发展。牛顿定律现在仍然是所有天文计算的基础。但我们也了解了一些与旧理论相悖的情况。牛顿定律只在经典物理学的惯性坐标系中成立。而我们记得，定义惯性坐标系的条件是，力学定律必须在其中成立。两个质量之间的力取决于它们之间的距离。正如我们所知的，力与距离之间的关系在经典变换下是不变的。但是这条定律并不符合狭义相对论的框架。距离在洛伦兹变换下并不是不变的。我们可以像对运动定律大获成功的做法那样，尝试着去将引力定律推广，使之符合狭义相对论，或者换言之，将其表述成在洛伦兹变换下不变，而不是在经典变换下不变。但是牛顿的引力定律却顽固地抗拒我们将其简化并使其适合狭义相对论框架的所有努力。即使我们成功地做到了这一点，那还需要更进一步：从狭义相对论的惯性坐标系跃升到广义相对论的任意坐标系。另一方面，关于下落电梯的那些理想实验清楚地表明，如果引力问题不解决，那就没有可能去建立广义相对论。从我们的论证中可以看出，为什么引力问题的解法在经典物理学和广义相对论中是不同的。

我们已经设法指出了通向广义相对论的道路，以及迫使我们再次改变旧观点的那些原因。我们不会去讨论该理论的形式结构，而只是去描述与旧引力理论相比较，新引力理论的一些特点。鉴于前面已经讲过的所有内容，要领会这些差异的本质应该不太困难。

（1）广义相对论的引力方程可以应用于任何坐标系，在一个特殊情况下选择任一特定的坐标系只是为了方便。在理论上，所有坐标系都是允许的。如果忽略引力，我们就会自动返回到狭义相对论的惯性坐标系。

（2）牛顿的引力定律将一个物体在此时此地的运动与在远处的另一个物体在同一时刻对它的作用联系了起来。这条定律为我们的整个机械观构成了一种模式。但是机械观行不通了。在麦克斯韦方程组中，我们认识到了自然定律的一种新模式。麦克斯韦方程组是结构性定律。它们将此时此地发生的事件与稍后会在附近发生的事件联系了起来。它们是描述电磁场变化的定律。我们的新的引力方程也是描述引力场变化的结构性定律。我们可以概略地这样说：从牛顿引力定律到广义相对论的跃升，在某种程度上类似于从包括库仑定律在内的电流体理论到麦克斯韦理论的跃升。

（3）我们的世界不符合欧氏几何。我们的世界的几何性质是由各质量及它们的速度决定的。广义相对论的引力方程组试图揭示我们的世界的几何性质。

让我们暂且假设，在始终如一地实现广义相对论的纲要方面，我们已经取得了成功。但我们是不是面临着因猜测太远离现实而招致的危险？我们知道旧理论在解释天文观测方面是多么令人满意。有没有可能在新理论与观测之间架起一座桥梁？每一种猜测都必须经过实验的检验，任何结果无论有多么吸引人，如果与事实不符，就必须摒弃。这个新的引力理论该如何通过实验的检验？这个问题可以用一句话来回答：旧理论是新理论的一个特别的极限情况。在引力相对较弱的情况下，可以证明由新的引力定律可以很好地近似得出原来的牛顿定律。因此，所有支持经典理论的观测也都支持广义相对论。我们从新理论的这一更高层次上重新得出了旧理论。

即使没有额外的情况能够用来支持新理论，但是若它的解释仅与旧理论一样令人满意，那么如果让我们在两种理论之间无约束地选一种，我们也必须作出支持新理论的决定。从形式的角度来看，新理论的方程组更为复杂，但从基本原理的观点来看，它们的假设却要简单得多。绝对时间和惯性系这两个可怕的幽灵已经消失了。引力质量与惯性质量等价这条线索没有被忽视。不需要对引力及其对距离的依赖性作任何假设。引力方程具有结构性定律的形式，这是电磁场理论取得巨大成就以来，所有物理定律所必须具有的形式。

由新的引力定律可以得出一些没有包含在牛顿引力

定律中的新推论。其中之一是光线在引力场中会发生弯曲，这个推论我们在前面已经引述过了。现在我们再来讲述另外两个推论。

如果在引力较弱时，可以由新引力定律推出旧引力定律，那么只有在相对较强的引力作用的情况下，才能预期一些与牛顿引力定律的偏离。以我们的太阳系为例。包括我们的地球在内的各行星都沿着椭圆轨道绕太阳运行。水星是离太阳最近的行星。由于水星与太阳的距离比较近，因此它们之间的引力比太阳与其他行星之间的引力要大。如果有任何希望发现一个与牛顿定律的偏差，那么水星的情况就提供了最大的可能性。根据经典理论推断出的结论是，水星划出的运动路径与任何其他行星的路径都是同一类型的，只不过它离太阳比较近而已。根据广义相对论，它的运动应该略有不同。水星不仅应该绕着太阳运行，而且它所划出的椭圆应该相对于与太阳连接的坐标系非常缓慢地旋转（图68）。椭圆的这一旋转体现了广义相对论的一个新效应。这种新理论预言了这种效应的大小：水星的椭圆轨道会在三百万年中完成一次完整的旋转！我们看到了这种效应多么小，而要对那些离太阳更远的其他行星去寻找这种效应的话，将会是多么无望。

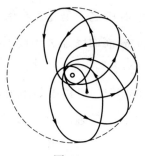

图 68

　　水星的运动偏离椭圆，这在广义相对论提出之前就是已知的，而且找不到任何解释。另一方面，广义相对论是在没有考虑到这个特殊问题的情况下建立起来的。直到后来，才从新的引力方程组中得出了关于行星绕太阳运动中椭圆旋转的结论。在水星的情况下，广义相对论成功地解释了水星运动对牛顿定律的偏离。

　　我们从广义相对论中还得出了另一个结论，并与实验进行了比较。我们已经看到，放在转盘大圆上的钟与放在小圆上的钟有不同的节奏。同样，根据相对论，放置在太阳上的钟与放置在地球上的钟也会有不同的节奏，因为引力场对太阳的影响要比对地球的影响大得多。

　　我们在"颜色之谜"一节提到，炽热的钠会发出一定波长的单色黄色光。在这种辐射中，钠原子显示出它的一种节奏。可以说，钠原子代表一个时钟，而发射的波长是它节奏之一。根据广义相对论，一个例如说放在太阳上的钠原子，它发射的光的波长应该略大于我们地球上的钠原子发射的光的波长。

通过观察来检验广义相对论的各种结果是一个复杂精细的问题，而且绝没有肯定地得到解决。由于我们在这里关心的是一些主要观点，因此我们不打算对这个问题深入下去。只是说明一下：到目前为止，由实验得出的判断似乎证实了从广义相对论得出的那些结论。

场和物质

我们已经看到了机械观是如何以及为什么会失效的。假设有简单的各种力作用在不可改变的粒子之间，是不可能解释所有现象的。我们超越机械观，并引入场的概念，事实证明这些最初的尝试在电磁领域非常成功。电磁场的结构性定律得以系统表述，这些定律把空间和时间上非常接近的事件联系了起来。这些定律符合狭义相对论的框架，因为它们在洛伦兹变换下是不变的。后来广义相对论阐明了引力定律。它们也是描述物质粒子之间引力场的结构性定律。同样，我们也很容易推广麦克斯韦定律，使之可应用于任何坐标系，就像广义相对论的引力定律一样。

我们有两种现实：*物质和场*。毫无疑问，我们现在已无法像 19 世纪初的那些物理学家那样，把整个物理学想象成是建立在物质概念之上的。暂且我们同时接受这两个概念。我们能把物质和场看作两个截然不同的现实吗？试考虑一个小的物质粒子，我们可以用一种稚拙的方式来想象，这个粒子有一个确定的表面，它就止于此，而它的引力场始于斯。在我们的这个图像中，场定律成立的区域与物质存在的区域截然分开。但是区分物质和场的物理判据是什么呢？在我们得知相对论之前，本可以尝试用以下方式来回答这个问题：物质有质量，而场没有质量。场代表能量，物质代表质量。但鉴于我们所获得的进一步知识，我们已经知道，这样的答案是不够的。我们由相对论知道，物质代表着巨大的能量储存，而能量又代表着物质。于是，我们用这种方式就无法定性地区分物质和场，因为质量和能量的区别不是一个定性上的区别。能量的绝大部分都集中在物质中，但是粒子周围的场也代表了能量，尽管相比之下是一个很小的量。所以我们可以这样说：物质是能量集中度大的地方，场是能量集中度小的地方。但如果情况是这样的话，那么物质与场之间的区别就是定量的，而不是定性的。把物质和场看作具有两种截然不同的特性是毫无意义的。

我们无法想象有一个明确的表面，将场和物质截然分开。

电荷及其场也出现了同样的困难。似乎不可能给出一个明显的定性判据来区分物质与引力场或电荷与电磁场。

我们的结构性定律，即麦克斯韦定律和引力定律，在能量非常集中的地方会失效，或者我们也可以说，在场的源（即电荷或物质）存在之处会失效。但是我们能不能稍微修改一下我们的方程组，使它们在任何地方都成立，即使在能量高度集中的区域也是如此？

我们不能仅仅以物质概念为基础来建立物理学。但是，在认识到质量和能量等价之后，把事物划分为物质和场就显得有些人为，而且这种划分也没有明确的界线。难道我们不能摒弃物质的概念，建立一种纯粹的场物理学吗？我们的感官所感觉到的所谓物质无非就是巨大的能量集中在一个相对较小的空间里。我们可以把物质视为空间中场极强的那个区域。这样就可以创造出一个新的哲学背景。它的最终目的是用一些时时处处都成立的结构性定律来解释自然界中所有的事件。从这个角度来看，一块被抛出的石头是一个不断变化的场，在这里具有最大场强的一些状态以石头的速度通过空间。在我们的新物理学中，不再兼容场和物质，场是唯一的现实。这一新观点的产生，是由于场物理学的伟大成就，是由于我们成功地以结构性定律的形式表达了电、磁、引力的定律，最后是由于质量和能量的等价。我们的最终问题将是修改我们的场定律，使得它们在能量高度集中的区域不至于失效。

但到目前为止，我们还没有令人信服地、一致性地成功完成这一计划。至于这一计划是否有可能实施，则要由未来作出结论了。目前，在我们的所有实际的理论建构中，我们仍然都必须假定有两种现实：场和物质。

一些根本的问题仍然摆在我们面前。我们知道所有的物质都仅由几种粒子构成。各种形式的物质是如何由这些基本粒子构成的？这些基本粒子是如何与场相互作用的？通过寻找这些问题的答案，我们在物理学中引入了一些新的思想——量子理论（*quantum theory*）的思想。

我们来总结一下：

> 物理学中出现了一个新概念：场。这是自牛顿时代以来最重要的发明。要认识到对于描述物理现象至关重要的不是各电荷，也不是各粒子，而是各电荷与各粒子之间的空间中的场，这需要巨大的科学想象力。事实证明

场的概念是十分成功的，并导致了描述电磁场结构、支配光学及电学现象的麦克斯韦方程组的形成。

相对论起源于有关场的一些问题。由各种旧理论导致的矛盾和不一致迫使我们为时空连续体，为我们的物质世界中所有事件的场景赋予一些新的属性。

相对论的发展分两步完成。第一步发展出了所谓的狭义相对论，它只适用于惯性坐标系，也就是说，只适用于牛顿提出的惯性定律成立的那些坐标系。狭义相对论建立在下面两条基本假设的基础之上：在所有相对于彼此做匀速运动的坐标系中，物理定律都是相同的；光速总是具有相同的值。从这两条经实验充分证实的假设出发，我们推导出了运动杆和钟的特性，以及它们的长度和节奏随着速度的变化。相对论改变了力学定律。如果运动粒子的速度接近光速，旧的定律就失效了。由相对论重新阐明的那些关于运动物体的新定律在实验上得到了完美的证实。(狭义)相对论的进一步结果是质量与能量之间的联系。

质量就是能量，能量具有质量。相对论把质量守恒定律和能量守恒定律合二为一，形成了质量–能量守恒定律。

广义相对论对时空连续体给出了一个更深入的分析。其成立范围不再局限于惯性坐标系。该理论解决了引力问题，并为引力场建立了一些新的结构性定律。它迫使我们去分析几何学在描述物理世界中所起的作用。它认为引力质量与惯性质量相等这一事实是本质的，而不是像经典力学中那样把这一点仅仅看成是偶然的。广义相对论的实验结果与经典力学的实验结果只有微小的差别。在任何有可能比较的地方，它们都能很好地经受住实验的检验。但该理论的优势在于其内在的一致性及其基本假设的简单性。

相对论强调了场的概念在物理学中的重要性。但我们至今还没有成功地形成一种纯粹的场物理。就目前而言，我们仍然必须假定既存在着场，也存在着物质。

物理学的进化

4. 量子

连续性，不连续性

我们面前有一张纽约市和周边区域的地图。我们的问题是：在这张地图上有哪些点可以乘火车到达？在一张火车时刻表上查到这些地点后，我们将它们标记在地图上。我们现在把问题改成：地图上的哪些点可以乘汽车到达？如果我们在这幅地图上画出一些线，它们代表从纽约出发的所有道路，那么事实上，这些道路上的每一点都可以乘汽车到达。在这两种情况中，我们都有一些点的一个集合。在第一种情况中，这些点是彼此分开的，它们表示了不同的火车站；而在第二种情况中，它们表示了代表着各条道路的那些线上的各点。我们的下一个问题是关于其中每个点分别到纽约市的距离，或者更严格地说，是分别与纽约市的某个地点的距离。在第一种情况中，对于我们地图上的每一点，都有一些特定的数与之对应。这些数的变化是不规则的、跳跃式的，但总不会是无限小的。我们说：从纽约到火车所能到达的那些地方的距离只能以一种不连续的方式变化。然而，对于那些可以乘汽车到达的地方，其距离可以以我们所希望的任意小变化量来发生变化，即它们可以以一种连续的方式变化。在乘汽车的情况下，我们可以使距离变化任意小，但在火车的情况下则不行。

一个煤矿的产量是可以连续变化的。产煤量可以按任意小的变化量减少或增加。但雇佣的矿工人数只能不连续地变化。如果说"从昨天起，雇工人数增加了 3.783人"，那完全是一派胡言。

如果问一个人口袋里有多少钱，那么他能给出的数额是一个只有两位小数的数。一笔钱只能通过不连续的跳跃来变化。在美国，允许的最小变化量，或者我们称之为美国货币的"基本量（子）"，是一美分（cent）。英国货币的基本量（子）是一法新[1]，仅相当于美国货币基本量的一半。这里我们有一个关于两个基本量子的例子，它们的值彼此可以比较。它们的价值之比有一个明确的意义，因为其中一个量的价值是另一个量的两倍。

我们可以说：有些量可以连续地变化，而另一些量只能不连续地变化，即按台阶式改变，而每一次的改变

---

[1]法新（farthing）是英国旧时的铜币，币值为 1/4 便士，1961 年被取消。——译注

至少为一个台阶。这些不可再细分的变化量称为它们所涉及的特定量的一个基本量子（*elementary quantum*）。

我们能称大量沙子的质量，并认为它的质量是连续的，即使沙子的颗粒结构很明显。但是，如果沙子变得非常珍贵，而使用的天平也变得非常灵敏，那么我们就必须考虑这样一个事实：沙子的质量总是以一粒沙的倍数改变。这一粒沙的质量就是我们的基本量子。我们从这个例子中可以看出，如何通过提高我们的测量精度来察觉出一个到目前为止被认为是连续的量的不连续特征。

如果我们必须用一句话来表征量子理论的主要思想，那么我们可以说：必须假设有些到目前为止被认为是连续的物理量是分别由一些基本量子组成的。

量子理论所涵盖的实际情况的范围是非常广的。高度发展的现代实验技术已经揭示出了这些情况。由于我们在这里既无法演示也不能描述即使是那些最基本的实验，因此我们常常不得不武断地引用它们的结果。我们的目的只是解释那些主要的基本思想。

物质和电的基本量子

在分子运动论所描绘的物质图像中，所有元素都是由分子构成的。举最轻的氢元素这个最简单的例子。在

"物质的分子运动论"一节，我们看到了关于布朗运动的研究如何使我们能够测定一个氢分子的质量。其值为：

0.0000000000000000000000033 克，

这意味着质量是不连续的。一份氢的质量只能以一个小量的正整数倍发生变化，每个小量就相当于一个氢分子的质量。但是有一些化学过程表明，一个氢分子可以被分成两部分，换言之，一个氢分子是由两个原子组成的。在化学过程中，扮演基本量子角色的是原子而不是分子。把上面那个数除以二，我们就得到了一个氢原子的质量。其值大约是

0.0000000000000000000000017 克。

质量是一个不连续的量。但是，当然，在确定质量的时候，我们不必为此操心。即使是最敏感的天平，也远远达不到可以检测出质量改变不连续性所需的那一精度。

让我们回来讨论一个众所周知的事实。将一根电线与电流源相连。电流从高电势流向低电势。我们记得，许多实验事实都是用电流通过导线这一简单原理来解释的。我们还记得（"两种电流体"一节），决定是正流体从高电势流向低电势，还是负流体从低电势流向高电势，

只是一个约定俗成的问题。就目前而言，我们暂时不去讲述由场的概念带来的所有进一步的进展。即使按简单的电流体的思想方法来思考，也仍然有一些问题有待解决。正如"流体"这个名字所暗示的，电在早期被认为是一个连续的量。根据这些旧观点，电荷量能以任意小量发生改变。没有必要假设基本的电量子。物质的分子运动论所取得的成就给我们准备好了一个新问题：是否存在着电流体的基本量子？另一个需要解决的问题是：电流是由正流体流动形成的，还是由负流体流动形成的，或者可能是由这两种流体同时流动而形成的？

解答这些问题的所有实验，其想法都是使电流体与导线分离，让它穿过空的空间，使其失去与物质的任何联系，然后研究它的各种性质。这些性质在以上条件下必定会极为清晰地表现出来。许多这类实验都是在 19 世纪末进行的。在解释这些实验设置的想法之前，我们至少在一个例子中将引用它们的一些结果。通过导线的电流体是负的，因此其方向是从低电势指向高电势。倘若我们从电流体理论一开始形成的时候就知道这一点，我们当然应该互换一下所使用的两个词，将橡胶棒所带的电称为正电，而将玻璃棒所带的电称为负电。这样的话，将流动的电流体看成正的就会更加方便。既然我们最初的猜测是错的，于是我们现在就不得不容忍这种不便了。下一个重要的问题是，这种负流体的结构是否是"颗粒状的"，即它是否由电量子组成。有许多独立的实验再次表明，这种负电的基本量子毫无疑问是存在的。负的电流体是由许多颗粒构成的，就像海滩是由许多沙粒构成的，或者像房子是由许多砖块砌成的。大约四十年前，J. J. 汤姆森[1] 极为清楚地阐明了这个结果。负电的基本量子称为电子（electron）。因此，每份负电荷都是由许多用电子表示的基本电荷所组成的。负电荷和质量一样，只能不连续地变化。不过，基本电荷是如此之小，以至于在许多研究中，把它看作一个连续量是同样可能的，而且有时甚至更方便。因此，原子理论和电子理论在科学中引入了一些不连续的物理量，这些物理量只能发生跳跃式的变化。

想象一下，在某个地方有两块平行的金属板，其中所有的空气都被抽掉了。一块板带正电荷，另一块板带负电荷。放入这两块极板之间的正试验电荷将被带正电荷的板排斥，而被带负电荷的板吸引。因此，此时的电场的力线将从带正电荷的板指向带负电荷的板（图 69）。作

---

[1]J. J. 汤姆森（J. J. Thomson, 1856—1940），英国物理学家，电子的发现者，获 1906 年诺贝尔物理学奖。——译注

用在一个带负电荷的试验体上的力方向会与此相反。如果这两块板足够大，那么它们之间的力线密度将处处相等。试验体放置在何处无关紧要，它受到的力将是相同的，因此力线密度也相同。放入这两块板之间某处的各电子，其行为就会像地球引力场中的雨滴，彼此平行地从带负电的板向带正电的板运动。有许多知名的实验设置可将一束电子簇引入这样的一个场中，这个场就以同样的方式给所有这些电子指引运动的方向。其中最简单的实验之一是在带电极板之间放置一根加热后的导线。这样一根加热后的导线会发出电子，而这些电子随后由外场的力线所导向。例如，大家都很熟悉的电子管就是基于这一原理的。

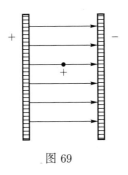

图 69

人们用电子束进行了许多非常精巧的实验，研究了它们在不同电和磁的外场作用下的路径变化。甚至可能将单独一个电子孤立出来，并确定它的基本电荷和质量（即它抵抗外力作用的惯性阻力）。在这里，我们只引述一个电子的质量值。结果我们发现氢原子的质量大约是电子质量的两千倍。因此，一个氢原子的质量虽然已经很小了，但与一个电子的质量相比却显得很大。从一个始终如一的场论的观点来看，一个电子的全部质量，即全部能量，就是它的场的能量；它的大部分强度在一个非常小的球内，而在远离电子"中心"处它的场强则很弱。

我们上面说过，任何元素的原子就是该元素的最小基本量子。人们在很长一段时间里都相信这一说法。不过，现在人们不再相信了！科学已经形成了一种新的观点，表明了旧观点的局限性。在物理学中，几乎没有比关于原子复杂结构的陈述更牢固地建立在事实的基础之上。人们首先认识到的是：电子（这是负电流体的基本量子，也是原子的组成部分之一）是构成所有物质的基本砖块之一。前面引述的加热后的导线发射电子的例子，只是从物质中获取这些粒子的众多实例之一。这一结果将物质的结构问题与电的结构问题紧密地联系在一起，毋庸置疑，它是根据许多独立的实验事实得出的。

从一个原子中获取一些组成它的电子相对容易一些。这可以通过加热来实现，比如我们所举的那个一根加热导线的例子中那样，或者通过一种不同的方式，比如用其他电子来轰击一些原子。

假设有一根炽热的细金属丝插入稀薄的氢气中。该金属丝会向各个方向发射电子。在一个外电场的作用下，它们会得到一个给定的速度。一个电子的速度会增大，就像一块石头在引力场中下落时那样。通过这种方法，我们可以得到一束以一定速度朝着一定方向疾驰的电子。如今，我们可以通过使电子受到一些非常强的场的作用而达到接近于光速的速度。在这种情况下，当一束具有一定速度的电子撞击到稀薄的氢气的分子时，会发生什么？一个氢分子在一个速度足够快的电子的撞击下，不仅会分成两个原子，而且其中一个原子还会释放出一个电子。

让我们接受这样一个事实：电子是物质的组成部分。那么，一个失去了一个电子的原子就不可能是电中性的。如果它原来是中性的，那么现在就不可能是中性的，因为它缺少了一个基本电荷。剩下的就一定带有一个正电荷。此外，由于一个电子的质量比一个最轻的原子的质量还要小得多，因此我们可以有把握地得出结论：原子的大部分质量显然不是出自它的各电子，而是出自一些比电子重得多的基本粒子构成的其他部分。我们把原子的这个较重的部分称为它的原子核（nucleus）。

现代实验物理学已经研发出各种方法来击碎原子核、将一种元素的原子转变为另一种元素的原子，以及从原子核中获取构成原子核的重基本粒子。从实验的角度来看，物理学中被称为"核物理学"的这一篇章（卢瑟福[1]对这一领域作出了巨大的贡献）是最令人感兴趣的。但是，我们仍然缺乏这样一种理论：其基本思想简单，又能将核物理领域的各种丰富事实联系起来。由于我们在本书中只对一般的物理概念感兴趣，因此尽管这一篇章在现代物理学中非常重要，我们还是要略去不谈。

光量子

让我们考虑一堵沿着海岸线修建的墙。来自大海的波浪不断地冲击着这堵墙，将它的表面冲走一些，然后向后退去，给新冲来的波浪留出道路。墙的质量在减小，我们可以提出的问题是，比如说一年内有多少质量被冲走了。但现在让我们来想象一个不同的过程。我们想要减小墙的质量，减小的量和刚才一样，但方式不同。我

---

[1]欧内斯特·卢瑟福（Ernest Rutherford，1871—1937），英国物理学家，1908 年诺贝尔化学奖获得者。他首先提出放射性半衰期的概念，并证实在原子中心存在一个原子核，从而创建了卢瑟福模型（行星模型）。——译注

　　　　　　　　　　　　物理学的进化

们朝墙开枪，在子弹击中的地方打出一个裂口。墙的质量将会减小，我们很容易想象，在这两种情况下，都能取得相同的质量减小。但从墙的外观上来看，我们可以很容易地发现究竟是连续的海浪所造成的，还是不连续的子弹雨所造成的。记住海浪和子弹雨之间的区别，将有助于理解我们将要描述的现象。

我们之前说过，一根加热的导线会发出电子。下面我们将介绍另一种从金属中获取电子的方法：用单色光（比如说紫光）照射金属表面。正如我们所知道的，单色光是指波长一定的光。这种光从金属中打出电子。金属失去电子，而由这些电子形成的一束簇射以一定的速度前进。从能量原理的观点来看，我们可以说：光的能量部分转化为被打出的电子的动能。现代实验技术使我们能够记录下这些电子子弹，确定它们的速度和能量。这种用光束照射在金属上而获取电子的过程称为光电效应（*photoelectric effect*）。

我们的着眼点是探讨具有一定强度的一种单色光波的作用。就像在所有实验中一样，我们现在必须改变我们的安排，看看这是否会对观察到的结果产生任何影响。

让我们首先来改变照射在金属板上的单色紫光的强度，注意发射出来的电子的能量在多大程度上取决于光的强度。让我们试图通过推理而不是通过实验来找到这个问题的答案。我们可以推理如下：在光电效应中，辐射能量的某一确定部分转化为电子的运动能量。如果我们再次用波长相同但功率更高的光源照射该金属，那么发射出来的电子的能量也应该更高，因为辐射的能量更充足了。因此，我们应该预计到，如果光的强度增大，那么发射出来的电子的速度也会增大。但实验再次与我们的预计相矛盾。我们再一次意识到，自然界的规律并不是我们所希望的那样。我们碰上了与我们的预计相矛盾的实验之一，于是这个实验就使得这些预计所依据的理论站不住脚了。从波动理论的观点来看，实验的实际结果是惊人的。观察到的电子全都具有相同的速率（即相同的能量），而当光的强度增加时，它们的速率并不改变。

波动理论无法预言这一实验结果。在这里，又从旧理论和实验之间的冲突中诞生了一个新的理论。

让我们故意不公正地对待光的波动理论，暂时忘记它的种种伟大成就，忘记它对于光在很小的障碍物周围发生弯曲的精彩解释。随着我们对光电效应的关注，让我们要求从理论上对这种效应作出一个充分的解释。显而易见，我们不能由波动理论推导出电子能量与从金属板中获取电子的光强之间的不相关性。因此，我们将尝试另一种理论。我们记得牛顿的微粒理论解释了许多观察到的光现象，但却不能解释光线的弯曲，而我们现在故意地忽略了后者。在牛顿时代，能量的概念并不存在。根据他的理论，光微粒是没有质量的；每种颜色都保持了自己的物质特征。后来，当能量概念被创造出来，而且人们也认识到光携带能量之后，却没有人想到将这些概念应用于光的微粒理论。牛顿的理论已经消亡了，直到 20 世纪，它的复兴才得到了重视。

为了保留住牛顿理论的基本思想，我们必须假设单色光是由能量颗粒组成的，并用新的光量子取代旧的光微粒，我们将这些光量子称为光子（*photon*），即一小份一小份的能量，它们以光速穿过空的空间。牛顿理论以这种新形式复兴，形成了光的量子理论（*quantum theory of light*）。不仅物质和电荷具有颗粒状结构，而且辐射的能量也具有颗粒状结构，即由光量子构成。除了物质量子和电量子外，还存在着能量量子。

能量量子的概念首先是由普朗克[1]在 20 世纪初提出的。当时他的目的是用能量量子去解释一些比光电效应

---

[1]马克斯·普朗克（Max Planck，1858—1947），德国物理学家，量子力学的重要创始人之一，1918 年诺贝尔物理学奖获得者。——译注

更为复杂的效应[1]。不过，光电效应最清楚、最简单地表明了我们有必要去改变我们的那些旧观念。

立即清楚的是，光的这种量子理论解释了光电效应。一束簇射的光子照射在一块金属板上。在这里，辐射与物质之间的作用是由许多单个过程组成的，而在其中，光子撞击原子并将一个电子击出。这些单个过程都是相似的，在所有情况下，被击出的电子都会具有相同的能量。我们也明白，增加光的强度，在我们的新语言中就意味着增加照射光子的数量。在这种情况下，会有不同数量的电子从金属板中逸出，但其中任何单个电子的能量都不会改变。我们由此可以得知，这一理论与观测是完全一致的。

如果用另一种颜色的单色光照射金属表面，比如说不用紫光，而是用一束红光，那会发生什么？让我们用实验来回答这个问题吧。必须测量被击出的电子的能量，并将其与被紫光击出的电子的能量进行比较。实验发现，被红光击出的电子的能量小于被紫光击出的电子的能量。这意味着对应于不同颜色的光量子具有不同的能量。对应于红色光的光子的能量只有对应于紫色光的光子的能

---

[1]指的是黑体辐射，由于经典物理无法解释黑体辐射，因此普朗克在1900年提出了能量量子化概念。——译注

量的一半。或者，更严格地说：一种单色光的一个光量子的能量随着波长的增大而成比例地减小。能量量子和电量子之间有一个本质的区别：每种波长的光量子都不相同，而电量子总是相同的。如果我们要使用前面的类比之一，那么我们应该将光量子比作最小的货币量子，每个国家的最小货币量子都不同。

让我们继续放弃光的波动理论，假设光的结构是颗粒状的，是由光量子构成的，即光子以光速穿过空间。因此，在我们的新图像中，光是一束簇射的光子，而光子是光的基本能量量子。然而，如果放弃了波动理论，那么波长的概念就不复存在了。用哪一种新概念来取代它呢？是光的能量量子！用波动理论的术语来表达的陈述，可以改写成辐射量子理论的陈述。例如：

波动理论的说法	量子理论的说法
单色光具有确定的波长。处于光谱红端处光波的波长是处于紫端处光波的波长的两倍。	单色光由具有确定能量的光子构成。处于光谱红端处光波的光子能量是处于紫端处光波的光子能量的一半。

我们面临的事态可以概括如下：有些现象可以用量子理论予以解释，但波动理论却解释不了。光电效应就给出了这样的一个例子，尽管我们也知道其他这类的现

象。有些现象可以用波动理论来解释，但却无法用量子理论来解释。光在障碍物周围发生弯曲就是这样的一个典型的例子。最后，还有些现象，例如光的直线传播，用光的量子理论和波动理论都可以很好地加以解释。

那么光究竟是什么呢？它是一列波还是一束簇射的光子？我们曾经提出过一个类似的问题：光是一列波还是一束簇射的光微粒？在那个时候，我们完全有理由抛弃光的微粒理论，而接受波动理论，因为后者能适用于所有的现象。然而，现在的问题却要复杂得多。要从两种可能的说法中仅选择一种，而形成对光现象的一个首尾一致的描述，这看来完全是无望的。似乎我们有时必须使用一种理论，有时必须使用另一种理论，还有些时候我们可以使用其中的任何一种。我们面临着一种新的困难。我们对现实有两种相互矛盾的图像。它们各自都不能完全解释光的现象，但把它们合在一起就说得通了！

怎么才可能兼顾这两种图像呢？我们如何理解光的这两个迥然不同的方面？要对这个新困难作出解释并非易事。我们再次面临着一个根本性的问题。

眼下，让我们先暂时接受光的光子理论，并借助它设法理解到目前为止由波动理论给出解释的那些事实。这样去做，我们就突出了使这两种理论乍看之下似乎不可调和的那些困难。

我们曾说起过：一束单色光通过一个小孔，会产生一些明暗相间的圆环（"光的波动理论"一节）。如何能够不应用波动理论，而借助于光的量子理论来理解这一现象？对于一个光子与一个孔的这种情况，我们可以预计：如果该光子通过了，那么屏幕看起来就是亮的，而如果该光子没有通过，那么屏幕看起来就是暗的。但我们的发现并非如此，而是一些明暗相间的圆环。对此我们可以设法解释如下：也许在孔的边缘与光子之间存在着某种相互作用，而这就是衍射环出现的原因。当然，这种说辞很难被看作一种解释。它充其量只是勾勒出了给出一种解释的一个方案，至少为将来通过物质与光子的相互作用来理解衍射提供了一些希望。

但即使是这种微弱的希望，也因我们先前讨论的另一种实验设置而破灭。让我们设置两个小孔。当单色光通过这两个孔时，则在屏幕上形成明暗相间的条纹。如何从光的量子理论观点来理解这种效应？我们可以论述如下：一个光子通过这两个小孔中的任何一个。如果单色光的一个光子代表一个基本的光粒子，我们很难想象它分裂开并通过这两个孔。但如果是这样的话，其效果应该和第一种情况完全一样，出现明暗相间的圆环，而不是明暗相间的条纹。那么，存在另一个小孔怎么可能完全改变这一效应呢？显而易见，是光子并不通过的那个孔把圆环变成条纹，即使这个孔可能离得相当远！如果光子的行为像经典物理学中的一颗微粒，那么它必定通过两个孔之一。但如果是这种情况，那么衍射现象似乎就非常难以理解了。

科学迫使我们去创建各种新思想、各种新理论。这些新思想和新理论的目的是要打破常常阻碍科学进步之路的自相矛盾的围墙。科学中所有的基本思想都是在客观现实与我们尝试着理解它们两者之间的戏剧性冲突中诞生的。这里我们又有了一个需要新原则才能得以解决的问题。在我们设法阐明现代物理学为了辨明光的量子性和光的波动性两个方面之间的矛盾而作的种种尝试之前，我们要说明，不仅是在处理光的量子时，而且在处理物质的量子时，也会遇到完全相同的困难。

光谱

我们已经知道，所有的物质都仅由几种粒子构成。电子是最早被发现的物质基本粒子。但是电子也是负电的基本量子。我们进一步了解到，有些现象迫使我们假设光是由基本的光量子组成的，而不同波长的光量子是不同的。在继续下去之前，我们必须讨论一些物理现象，在这些现象中，除了辐射以外，物质同样也起着至关重要的作用。

我们可以用一个棱镜把太阳发出的辐射分解成它的各成分。这样我们就可以得到太阳的连续光谱。可见光谱两端之间的每个波长都呈现在其中。让我们再举一个例子。前面提到过，炽热的钠发出单色光，即一种颜色或一种波长的光。如果把炽热的钠放在棱镜前，我们只能看到一条黄色光线。一般而言，如果把一个辐射体放在棱镜前，那么它发出的光就会被分成它的各成分，从而揭示出该辐射体的光谱特性。

在一根装有气体的管子中形成放电现象会产生一种光源，如用于灯光广告中的氖管。假设将这样一根管子放在一台分光镜前面。分光镜是一种作用类似棱镜的仪器，但精度和灵敏度要高得多。它把光分成其各成分，也就是说，它是用来分析光的。从太阳发出的光，通过分光镜观察，可以看到连续的光谱，所有波长都呈现在其中。不过，如果光源是一种有电流通过的气体，那么此时的光谱就会具有一个不同的特征了。此时出现的不再是太阳光谱的那种连续的、多色的图案，而是一些明亮的、分离的条纹出现在延续的暗背景上。每一条条纹，如果很窄的话，就对应着一个确定的颜色，或者用波动理论的语言来说，就对应着一个确定的波长。例如，如果在光谱中有 20 条可见的谱线，那么其中每条谱线都将由表示其相应波长的 20 个数字中的一个来标示。不同元素的蒸汽具有不同的线系，因此具有表征组成发射光谱的各波长的那些数的一些不同组合。没有任何两种元素在其特征光谱中具有完全相同的条纹系统，就像没有任何两个人具有完全相同的指纹一样。随着物理学家们列出这些谱线的分类目录，他们就可以越来越明显地看出其中存在着一些规律。对于这一列一列看似不相连的、表示各种波长的数字，他们就有可能用一个简单的数学公式来得出其中的几列。

刚才所说的一切，现在都可以转换成光子语言了。这些条纹对应于某些确定的波长，或者换句话说，对应于一些具有确定能量的光子。因此，发光的气体不会发射具有所有可能能量的光子，而只会发射具有该物质特征的那些光子。现实再次限制了大量的可能性。

一种特定元素（比如说氢）的原子只能发射一些具有确定能量的光子。只有这些具有确定能量的量子才是允许发射的，而所有其他的量子的发射都是被禁止的。为了简单起见，想象某种元素只发射一条谱线，即只发射一个具有非常确定的能量的光子。原子在发射前能量较高，发射后能量较低。由能量原理可断定，一个原子的能级在发射前较高，发射后较低，且这两个能级之差必定等于发射的光子的能量。因此，一种特定元素的一个原子只发射一种波长的辐射，即只发射一种确定能量的光子，这一情况可以用另一种方式来表达：该元素的一个原子只允许有两个能级，而发射一个光子就相应于该原子从其高能级到其低能级的跃迁。

但一般而言，在元素的光谱中会出现不止一条谱线。发射的那些光子就对应于许多能量，而不仅仅是一种能量。或者换句话说，我们必须假设在一个原子中允许有许多能级，而一个光子的发射对应于该原子从一个较高能级到一个较低能级的跃迁。但至关重要的一点的是，并不是每个能级都该被允许，因为并不是每一种波长，即并不是每一种光子能量，都会出现在一种元素的光谱之中。我们不说属于每个原子的光谱有某些确定的谱线、某些确定的波长，而是会说每个原子都有某些确定的能级，而光量子的发射与该原子从一个能级到另一个能级的跃迁有关。能级通常并不是连续的，而是离散的。我们在这里再次看到现实限制了可能性。

玻尔[1]首先阐明了为什么光谱中只出现了这些谱线，而不出现其他谱线。他在二十五年前提出的理论中，描绘了一幅原子的图像。至少在这种简单的情况下，从这一图像可以计算出一些元素的光谱。由于有了这一理论，那些原来看似呆板且毫不相关的数字突然变得有条理了。

玻尔的理论构成了通向一种更深入、更一般的理论的一个中间步骤，而这种更深入、更一般的理论被称为波动力学或量子力学。在本书的最后这一部分中，我们打算去描述这一理论的一些主要思想。在此之前，我们必须再提到另一个理论和实验结果，它具有一种更为特殊的性质。

我们的可见光谱从某一特定波长的紫色开始，而终于某一特定波长的红色。或者换句话说，可见光谱中的光子的能量总是限于紫光和红光的光子能量所构成的一个范围之内。当然，这种限制范围只是人眼的一种属性。如果某些能级之间的能量差异足够大，那就会发出一个紫外光子，产生一条在可见光谱范围之外的谱线。肉眼看不到它的存在，必须使用照相底片才行。

X 射线也是由光子组成，其光子能量比可见光的光

---

[1]尼尔斯·玻尔（Niels Bohr，1885—1962），丹麦物理学家，1922 年诺贝尔物理学奖获得者。——译注

子能量大得多，换言之，其波长比可见光的波长小得多，实际上只有可见光波长数的千分之一。

但是，是否可能通过实验来测定如此小的波长呢？对于普通的光来说，要做到这一点已是非常困难了。我们必须要有小障碍物或小孔。要显示普通光的衍射，两个小孔要彼此非常靠近，而要显示 X 射线的衍射，两个小孔就必须要小到几千分之一，距离也要近到几千分之一。

那么我们如何才能测量这些射线的波长呢？大自然自己来帮助我们了。

一块晶体是一些原子的一个聚集体，这些原子彼此相距非常近，并按完美的规则排列在一起。我们的图 70 明示了晶体结构的一个简单模型。元素的原子以绝对规则的顺序彼此非常紧密地排列在一起，它们形成了极小的障碍物，而不是极小的孔。晶体结构理论发现，原子之间的距离如此之小，以至于可以预计它们会显示出 X 射线衍射的效果。实验证明，利用出现在一块晶体中的规则三维排列所自然形成的这些密集障碍物来衍射 X 射线波，事实上是可能做到的。

假设有一束 X 射线照射在一块晶体上，它在通过晶体后被记录在一张照相底片上。于是这张底片上会显示

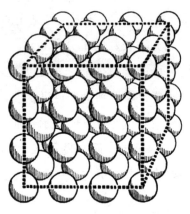

图 70

出衍射图案。人们用各种各样的方法研究 X 射线光谱，从衍射图样中推断出与波长有关的数据。如果要把所有相关理论和实验的细节都阐述清楚的话，那么在这里用几句话所概括的内容足够写成好几卷书。在整页插图 III 中，我们只给出用其中的一种方法获得的一张衍射图样（图 III.2）。我们再一次看到了一些明暗相间的圆环，这是波动理论的典型特征。在中心处可以看到没有发生衍射的光线留下的光斑。如果 X 射线和照相底片之间没有放置晶体，那就只能看到中心的光斑。从这类照片可以计算出 X 射线光谱的波长，而从另一方面来说，如果波长是已知的，那就可以由此得出一些关于晶体结构的结论。

整页插图 III：谱线、X 射线和电子波的衍射

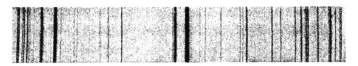

图 III.1：谱线（A. G. Shenstone 摄）

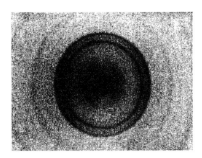

图 III.2：X 射线衍射（Lastowiecki 和 Gregor 摄）

图 III.3：电子波衍射（Loria 和 Klinger 摄）

4. 量子

物质波

我们怎样才能理解在元素的光谱中只出现某些特征波长这一事实？

物理学中经常发生这样的情况：通过在表面上不相关的现象之间进行一个连贯的类比，会取得一个本质的进展。在本书已叙述的内容中，我们经常看到，在科学的一个分支中创建和发展起来的一些思想，后来又如何成功地应用到另一个分支中。机械观和场的观点的发展对此给出了许多的例子。把已解决的问题与未解决的问题关联起来，通过提出一些新的思路，可以使我们对困难有新的认识。要找到一个其实什么都说明不了的浅薄类比是很容易的。不过，要发现隐藏在外在差异的表象之下的一些本质上的、共同的特征，并在此基础上形成一种新的、成功的理论，那就是一项重要的创造性工作了。在不到十五年前，德布罗意[1] 和薛定谔[2] 开始发展

---

[1]路易·维克多·德布罗意（Louis Victor Duc de Broglie, 1892—1987），法国理论物理学家，物质波理论的创立者，量子力学的奠基人之一，1929 年诺贝尔物理学奖获得者。——译注

[2]埃尔温·薛定谔（Erwin Schrödinger, 1887—1961），奥地利物理学家，量子力学的奠基人之一，1933 年诺贝尔物理学奖获得者。他晚年开始研究生物学，著有《生命是什么?》（*What Is Life?*）一书，并开创了分子生物学。——译注

起所谓的波动力学。这就是通过一个深刻而幸运的类比获得一种成功理论的一个典范。

　　我们从一个与现代物理学无关的经典例子说起。我们用手握住一根很长的弹性橡胶管的末端，或者一根很长的弹簧的末端，并设法将它有节奏地上下移动，使其末端振荡。于是，正如我们在许多其他例子中所看到的那样，这种振荡产生了一列波，它以一定的速度通过该橡胶管传播。如果我们想象这是一根无限长的管子，那么波的各个部分一旦开始运动了，就会不受干扰地继续它们的无穷无尽的旅程（图 71）。

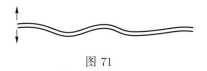

图 71

　　现在来看另一种情况。将同一根管子的两端都固定。如果你喜欢的话，也可以使用一根小提琴弦。如果在这根橡胶管或琴弦的一端生成了一列波，那会发生什么？这列波会开始它的旅程，就像前面那个例子一样，但是它很快就会被管子的另一端反射。我们现在就有两列波了：一列是由振荡产生的，另一列是由反射产生的，它们沿相反的方向运动并相互干涉。不难勾画出这两列波的干涉，并发现由它们叠加而成的一列波，这列波被称为驻波（*standing wave*）。"驻"和"波"这两个字似乎相互矛盾，然而这两列波的叠加后的结果表明了把这两个字组合在一起着实是有正当理由的。

一根两端固定的绳子的运动，即如图 72 所示的上下运动是驻波的最简单例子。这种运动是当两列波朝着相反的方向传播时，一列波叠加在另一列波上的结果。这种运动的特点是：只有两个端点是静止的。它们被称为波节（*node*）。驻波可以说停驻在两个波节之间，绳子的所有点同时达到它们偏离的最大值和最小值。

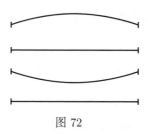

图 72

但这只是最简单的驻波。还有其他的类型。例如，一列驻波可以有三个波节，两端各一个，还有一个在中间。在这种情况下，这三个点总是静止的。从图 73 中一眼就可以看出，这里的波长是有两个波节的驻波波长的一半。类似地，驻波还可以有四个（图 74）、五个或更多的波节。在每种情况下的波长都取决于波节的数量。这个数只能是一个正整数，并且只能跳跃式地变化。"一

物理学的进化

列驻波有 3.576 个波节"这句话完全是一派胡言。因此波长只能不连续地变化。在这里，在这个最经典的问题中，我们辨认出了量子理论的那些熟悉特征。小提琴演奏者制造出的驻波实际上更为复杂，它是非常多列波的混合，这些波有两个、三个、四个、五个和更多的波节，因此是很多种波长的混合。物理学可以把这种混合波分解成组成它的那些简单驻波。或者，使用我们以前的术语，我们可以说振荡的弦有它的波谱，就像一种元素发出辐射一样。而且，与元素的光谱一样，只有某些波长是允许的，所有其他波长都是不可能实现的。

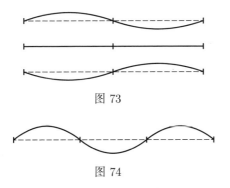

图 73

图 74

因此，我们发现了振荡的绳子与发出辐射的原子之间的某种相似之处。尽管这个类比看起来也许很奇怪，但让我们从中得出一些进一步的结论，而且既然我们已经选择了这一类比，那就让我们试着继续进行下去。每种元素的原子都是由基本粒子组成的，较重的基本粒子构成原子核，而较轻的基本粒子就是电子。这样的一个粒子系统的行为如同一件产生驻波的小型声学仪器。

然而，驻波是两个或者通常是两个以上的行波之间相互干涉的结果。如果我们的类比有一定的道理，那么应该有一种比原子更简单的安排对应于一列传播的波。最简单的安排是什么？在我们的物质世界里，最简单的莫过于一个不受任何力的电子（一种基本粒子），也就是说，一个静止或匀速运动的电子。我们可以猜出我们的类比链中的另一个环节：匀速运动的电子类比成具有一个确定波长的波。这是德布罗意有胆识的新想法。

我们先前已经说明过，光在有些现象中显示出它的波动性，而在另一些现象中光则显示出它的微粒性。在习惯了光是一种波的想法之后，我们惊奇地发现，在某些情况下，例如在光电效应中，它的行为就像光子的簇射。现在对于电子的情况正好相反。我们习惯于认为电子是粒子，是电和物质的基本量子。人们研究了它们的电荷和质量。如果说德布罗意的观点有点真实性，那么一定存在着某些现象，物质在其中显示出它的波动性。一开始看来，这个通过声学类比得出的结论似乎不可思议，而且难以理解。一个移动的微粒怎么会和波有关系？

但这并不是我们第一次在物理学中遇到这样的难题。我们在光现象领域中曾遇到过同样的问题。

基本思想在形成一种物理理论的过程中起着极为本质的作用。论述物理的书籍中充满着复杂的数学公式。但是，思想和观念，而不是公式，才是每一种物理理论的源头。这些思想后来必须采用一个定量理论的数学形式，才有可能与实验进行比较。这一点可以用我们正在处理的问题为例来解释。这里主要的猜想是，在某些现象中，匀速运动的电子会表现得像一列波。假设一个电子或一束簇射的电子（只要它们都具有相同的速度）在匀速运动。每个电子的质量、电荷和速度都是已知的。如果我们想以某种方式将波的概念与一个或多个匀速运动的电子联系起来，那么我们接下来的问题必然是：它的波长是多大？这是一个定量问题。这就必须建立一个多少有点儿定量的理论来回答它。这其实是一件简单的事情。德布罗意的工作为这个问题提供了答案，而其在数学上的简洁性是极令人惊讶的。相对而言，在他的工作完成之时，其他物理理论的数学技巧都非常微妙和复杂。处理物质波问题的数学是极其简单和初等的，但其基本思想却是深刻和深远的。

前文已经表明，在光波和光子的情况下，用波的语言来表达的每一个陈述都可以转化成光子或光微粒的语言。电子波也有同样的情况。人们已熟知用微粒的语言来表达匀速运动的电子。但是用微粒的语言来表达的每一个陈述都可以转化成波的语言，正如光子的情况一样。有两条线索定下了这一转化的规则。光波与电子波之间或光子与电子之间的类比是其中之一。我们设法将对光所使用的转化方法同样用于物质。狭义相对论提供了另一条线索。自然法则必须在洛伦兹变换下保持不变，而不是在经典变换下不变。这两条线索结合起来就决定了运动电子所对应的波长。我们用这一理论可以很容易地计算出，一个以 10000 英里/秒的速度运动的电子的波长，它原来与 X 射线的波长位于同一区域。因此，我们进一步又得出了：如果物质的波动性能够被探测到，那就应该是用类似于探测 X 射线的实验方法来进行的。

想象一束以某一给定的速度匀速运动的电子，或者用波的术语来说，想象一列单色电子波。假设它照射在一片非常薄的晶体上，这片晶体起着衍射光栅的作用。该晶体中的衍射障碍物之间的距离非常小，以至于可以产生 X 射线衍射。我们可以预期，对于波长有相同数量级的电子波而言，也会产生类似的效果。用一张照相底片来记录通过这一薄层晶体的电子波衍射。事实上，这项实验得出了毫无疑问的该理论的重大成就之一：电子波的衍射现象（图 III.3）。电子波衍射与 X 射线衍射之间的相似性特别明显，这一点通过比较整页插图 III 中的图样 2 和 3 就可以看出。我们知道，用这样的照片能够确定 X 射线的波长。对于电子波也是如此。衍射图样给出了物质波的波长，而理论与实验取得了完美的、定量的一致。这极好地证实了我们的一连串论点。

这个结果增大和加深了我们先前的那些困难。这可以通过一个类似于对光波给出的例子来说明。一个射向一个非常小的孔的电子就会像一列光波一样弯曲。照相底片上会出现一些明暗相间的圆环。通过电子与孔边缘之间的相互作用来解释这一现象也许有些许希望，尽管这样的解释看起来前景不太妙。但是两个小孔的情况又如何呢？此时出现的不是一些圆环，而是一些条纹。存在另一个小孔怎么可能完全改变一个小孔的结果？电子是不可分的，因此似乎只能通过两个孔之中的一。一个通过一个孔的电子又怎么可能知道在某个距离之外又开了另一个孔呢？

我们以前曾经问过：什么是光？它是一束簇射的微粒还是一列波？我们现在要问的是：什么是物质，什么是一个电子？它是一个粒子还是一列波？当电子在外电场或外磁场中运动时，其行为像一个粒子。当它被晶体衍射时，其行为像一列波。对于物质的基本量子，我们遇到了与处理光量子时一样的困难。由最近的科学进展提出的最基本问题之一，就是如何调和物质与波这两种相矛盾的观点。这是根本性困难之一，这类困难一旦得到阐明，从长远来看必然会推动科学的进步。物理学试图解决这个问题。由现代物理学所提出的这一解答是持久的还是暂时的，未来必然会对此作出裁定。

概率波

根据经典力学，如果我们知道一个给定质点的位置和速度，以及有哪些外力在作用，那么我们就可以根据力学定律来预测它未来的整个路径。"该质点在如此这般的某一瞬间具有如此这般的位置和速度"这样的说法在经典力学中有着明确的含义。如果这一陈述失去了它的含义，那么我们关于预言质点未来路径的论据就会失效了。

在 19 世纪初，科学家们想把所有物理学都简化为作用在物质粒子上的一些简单的力，而这些物质粒子在任何时刻都具有确定的位置和速度。让我们回忆一下，在我们穿越物理问题王国的旅程之初讨论力学时，我们是如何描述运动的。我们沿着一条确定的路径画出了一些点，以显示物体在某些时刻的那些确切位置，然后再画出切线向量，以显示各速度的方向和大小。这种做法既简单，又有说服力。但是对于我们的物质基本量子（也就是电子），或者对于能量量子（也就是光子），我们不能重复这一做法。我们无法以经典力学中想象运动的那种方式来描绘光子或电子的运动旅程。两个小孔的这个例子清楚地表明了这一点。一个电子或一个光子似乎能通过这两个孔。因此，通过用旧的经典方法所描绘的一个电子或一个光子的路径是不可能解释这种效应的。

当然，我们必须假设存在着一些基本过程，例如电子或光子通过小孔的过程。存在着物质和能量的基本量子，这一点是不容置疑的。但是，基本定律肯定不能采用像在经典力学中所用的那种方式，简单地通过指定物体在任何时刻的位置和速度来表述。

因此，让我们尝试某种不同的方式。让我们不断重复同一些基本过程。朝着小孔的方向一个接一个地发射电子。为了明确起见，这里使用"电子"一词，我们的论证也适用于光子。

同一个实验以完全相同的方式反复进行。所有的电子都具有相同的速度，并朝着两个小孔的方向运动。不用说，这是一个理想实验，不能实际操作，但可以很好地想象出来。我们不能像从一支枪里射出子弹那样，在给定的时刻射出单个光子或电子。

重复实验的结果必定还是：在一个孔的情况下出现一些明暗相间的圆环，在两个孔的情况下出现一些明暗相间的条纹。但是此时有一个本质上的区别。在单个电子的情况下，实验结果令人费解。而当实验多次重复时，其结果比较容易理解。我们现在可以说：明条纹出现在有许多电子到达的地方。在较少电子到达的地方，条纹变得比较暗。一个完全暗的点就意味着在那里没有电子。当然，我们不能假设所有的电子都通过其中一个孔。如果是这样的话，另一个是否被封闭就不会造成丝毫的区别了。但我们已经知道，封闭第二个孔确实会有不同的结果。由于一个粒子是不可分的，因此我们无法想象它会同时通过两个孔。将这个实验重复很多次，由此得出的现象指明了另一条出路。其中的一些电子可能通过第一个孔，而其他的则通过第二个孔。我们不知道这些单个的电子为什么会选择特定的孔，但重复实验最终必定得出的是两个小孔都参与了电子从源到屏幕的传送过程。如果我们只叙述在重复实验时电子群发生了什么，而不

　　　　　　　　　　　　　物理学的进化

关心单个粒子的行为，那么环形图样和条纹图样之间的区别就变得可以理解了。通过对一系列实验的讨论，一个新的想法诞生了，那就是一群电子中的各单个电子以一种不可预测的方式行事。我们不能预言一个单电子的运动过程，但我们可以预言，最终结果是屏幕上会出现一些明暗相间的条纹。

让我们暂且撇开量子物理学不谈。

我们在经典物理学中已经看到，如果我们知道某个质点在某一时刻的位置和速度，以及作用在这个质点上的力，那么我们就可以预言它未来的路径。我们也看到了机械论的观点是如何应用于物质的分子运动论的。但在这种理论中，由我们的推理会产生一种新的思想。深入理解这一思想，将有助于理解后面的论证。

有一个装有气体的容器。在试图追踪每一个粒子的运动时，我们必须首先要找到它们的初始状态，即所有粒子的初始位置和初始速度。即使这一点可能做到，但因为要考虑的粒子数量太多了，所以要把这些结果都记录在纸上，一个人花上一辈子的时间都还不够。在这种情况下，如果有人试图用经典力学的已知方法来计算各粒子的最终位置，就会遇到无法克服的困难。使用处理行星运动的那种方法，在原则上是可行的，但在实际上却毫无用处，因此必须让位于统计方法（*method of statistics*）。统计方法无须对各初始状态有任何确切的了解。我们对气体这个系统在任何特定的时刻的了解较少，因此对于它的过去或未来能说的也较少。我们对单个气体粒子的命运变得不在乎。我们现在的问题有了一个不同的性质。举例来说，我们不会问："此时每个粒子的速率是多少？"但我们可能会问："有多少粒子的速率在 1000 英尺/秒到 1100 英尺/秒[1] 之间？"我们对各个体毫不在意。我们试图确定的是象征整个集合体的一些平均值。很明显，只有当系统由大量的个体组成时，统计推理方法才可能具有某种真正的用处。

我们用统计方法是无法预言一个个体在一个群体中的行为的。我们只能预言它以某种特定的方式表现的可能性，即概率（*probability*）。如果我们的统计定律告诉我们，有三分之一的粒子速率在 1000 英尺/秒到 1100 英尺/秒之间，这意味着通过重复对许多粒子的观测，我们将确实地获得这个平均值，或者换句话说，发现一个粒子在这个区间内的概率等于三分之一。

类似地，知道了一个大社区中的出生率，并不意味着知道任一特定家庭是否有幸得到一个孩子。这指的是

---

[1]相当于 304.8 米/秒到 335.3 米/秒。——译注

物理学的进化

我们对一些统计结果的一个理解，而对此提供信息的各个个体在其中不起任何作用。

观察大量汽车的车牌号，我们可能很快就会发现这些数中有三分之一能被三整除。但我们无法预言下一刻将要经过的那辆汽车的车牌号是否会具有这一特性。统计定律只能应用于大的集合体，而不能应用于它们的个体成员。

我们现在可以回到量子问题上来了。

量子物理的各定律都具有统计性质。这意味着：它们涉及的不是一个单一的系统，而是一些全同系统的一个集合体；它们不能通过测量一个个体来加以验证，而只能通过一系列的重复测量来验证。

量子物理学试图为从一种元素到另一种元素的许多自发嬗变事件提出一些支配它们的定律，而放射性衰变就是这些事件之一。例如，我们知道，1 克镭经过 1600 年会衰变掉一半，而另一半则会安然无恙。我们可以预言大约有多少原子会在接下来的半小时内衰变，但即使在我们的理论描述中，我们也无法说出为什么只有这些特定的原子会遭此厄运。根据我们目前的知识，我们没有能力指出那些注定要衰变的原子。原子的命运并不取决于它的年龄。它们的个体行为没有丝毫规律可循。能够表述的只有一些统计定律，即支配由原子构成的大集合的那些定律。

再举一个例子。将某种元素的发光气体放置在分光镜前，就会显示出一些具有确定波长的谱线。出现一组不连续的确定波长是原子现象的特征，而这些原子现象揭示了基本量子的存在。但这个问题还有另一个方面。有些谱线非常明显，还有些则很暗弱。一条明显的谱线意味着属于这一特定波长的、相对大量的光子被发射出来；一条暗弱的谱线意味着属于这一波长的、相对少量的光子被发射出来。理论又一次只为我们提供了具有一种统计性质的一些陈述。每一条谱线都对应着一种从高能级到低能级的跃迁。理论只告诉我们这些可能跃迁中的每一种的发生概率，而没有告诉我们一个单个原子的实际跃迁。这一理论卓有成效，这是因为所有这些现象都涉及大集合，而不是单个的个体。

新的量子物理学看起来有点类似于物质的分子运动论，因为两者都具有统计性质，而且都涉及大集合。但实情并非如此！在这个类比中，最重要的是不仅要理解相似之处，而且还要理解不同之处。物质的分子运动论与量子物理学的相似之处主要在于它们都具有统计性质。但是它们之间有哪些区别呢？

如果我们想知道一个城市有多少20岁以上的男人和女人，我们就必须让每位市民填写一份列有"男性"、"女性"和"年龄"栏目的表格。只要每一个填写都是正确无误的，我们就可以通过对它们进行计数和归类，得到一个统计性结果。表格上的个人姓名和地址无关紧要。通过对个案的了解，我们得出了一个统计上的综观。类似地，在物质的分子运动论中，我们有一些支配集合体的统计定律，而它们是在一些关于个体的定律的基础上得到的。

但在量子物理学中，情况完全不同。其中的各统计定律是直接给出的。个别的定律被抛弃。在一个光子（或一个电子）与两个小孔的例子中，我们已经看到，我们不能像经典物理学中那样，描述出基本粒子在空间和时间中的可能运动。量子物理学抛弃了基本粒子的个别定律，直接阐明了支配集合体的统计定律。在量子物理学的基础上，不可能像经典物理学中那样描述基本粒子的位置和速度，也不可能预言其未来的路径。量子物理学只研究集合体，其各定律只适用于群体而不适用于个体。

迫使我们改变陈旧的经典观点的，不是猜测，也不是对新奇事物的渴望，而是硬性的需求。我们仅以衍射现象为例，概述了应用旧观点的一系列困难。但也可以引用其他许多同样令人信服的例子。我们试图去理解现实，这就不断地迫使我们改变看法。但是，我们是否选择了唯一可能的出路，是否还能找到一个更好的办法来解决我们的困难，这些总还要留待未来作出评判。

我们不得不放弃把个别情况描述为时间和空间上的客观事件，我们不得不引入一些具有统计性质的定律。这些是现代量子物理学的一些主要特征。

以前，当我们在引入新的物理事实，如电磁场和引力场时，对于那些从数学上阐明其思想的方程，我们都设法概括地来说明它们的特征。现在我们对量子物理学也将采取同样的做法，只非常简单地提一下玻尔、德布罗意、薛定谔、海森伯[1]、狄拉克[2]和玻恩[3]的工作。

让我们考虑一个电子的情况。这个电子可能受到一个任意的外电磁场的作用，也可以不受任何外部影响。例如，它可以在一个原子核的场中运动，也可以在一块

---

[1]维尔纳·海森伯（Werner Heisenberg，1901—1976），德国物理学家，量子力学的主要创始人之一，1932 年诺贝尔物理学奖得主。——译注

[2]保罗·狄拉克（Paul Dirac，1902—1984），英国理论物理学家，量子力学的奠基者之一，并对量子电动力学的早期发展作出了重要贡献，1933 年与薛定谔共同获得诺贝尔物理学奖。——译注

[3]马克斯·玻恩（Max Born，1882—1970），德国物理学家，对量子力学的发展作出了重要贡献，1954 年获诺贝尔物理学奖。——译注

晶体上发生衍射。量子物理学使我们掌握了如何为这些问题构建一些数学方程。

我们已经认清了振荡的绳子、鼓的膜、管乐器或任何其他乐器与辐射原子之间的相似性。支配声学问题的那些数学方程与支配量子物理问题的这些数学方程之间也有某种相似性。但是，对于在这两种情况下所确定的量，其物理解释却是完全不同的。分别描述振荡的绳子和辐射原子的物理量有着完全不同的含义，尽管它们的方程有一些形式上的相似性。在绳子的情况下，我们想知道在任意时刻，任意一点与其正常位置的偏离量。只要知道这根振荡的绳子在某一时刻的形状，我们就知道了我们所希望的一切。因此，根据这根振荡绳子的数学方程，就可以计算出它在任何其他时刻与正常位置的偏离量。对于这根绳子的每个点，都有与正常位置的某个确定的偏离量，这一事实可以更严格地表示为：在任何时刻，与正常值的偏离量都是绳子的坐标的一个函数。绳子的所有点构成了一个一维连续体，而偏离量是定义在这个一维连续体上的一个函数，它可以根据振荡绳子的方程计算出来。

类似地，在一个电子的情况下，对于空间中的任意点和任意时刻都可以确定某个函数。我们称这个函数为概率波（*probability wave*）。在我们的类比中，概率波对应于声学问题中与正常位置的偏离量。在一个给定时刻的概率波是三维连续体的一个函数，而在绳子的情况下，在一个给定时刻的偏离量是一维连续体的一个函数。概率波形成了我们对所考虑的量子系统的知识一览，使我们能够回答有关这个系统的所有合理的统计问题。它不会告诉我们电子在任何时刻的位置和速度，因为这样的问题在量子物理学中没有意义。但它会告诉我们，在某个特定的地点出现该电子的概率，或者在何处最有可能出现一个电子。这种结果不是对一次测量而言的，而是对多次重复测量而言的。因此，量子物理学的那些方程确定的是概率波，就像麦克斯韦方程组确定电磁场，引力方程确定引力场一样。量子物理的各定律也是结构性定律。但是由这些量子物理方程所决定的物理概念的意义比在电磁场和引力场的情况下要抽象得多，它们仅仅提供了回答那些具有统计性质的问题的数学方法。

到目前为止，我们考虑的是处在某个外场中的电子。如果不是电子（即可能的最小电荷），而是某个含有数十亿个电子的相当大的电荷，那么我们就可以不顾整个量子理论，而按照量子物理学之前的那个旧理论来论述这个问题。在处理导线中的电流、带电导体、电磁波时，我们可以应用包含在麦克斯韦方程组中的、旧的、简单的物理。但是，在处理光电效应、谱线强度、放射性、电子波衍射以及许多其他显示出物质和能量的量子特性的现象时，我们就不能这样做了。可以说，此时我们必须更上一层楼：从经典物理层面上升到量子物理层面。在经典物理学中，我们谈论的是一个粒子的位置和速度，而我们现在必须在一个对应于这个单粒子问题的三维连续体中考虑概率波。

如果以前有人教过你如何从经典物理学的观点来处理一个类比问题，那么我们得说一下：量子物理学在对待一个问题时是有它自己的解决方式的。

对于一个基本粒子（电子或光子），我们有在一个三维连续体中的一些概率波，如果多次重复实验，那么这些概率波就表征了该系统的统计行为。但如果不是一个粒子，而是两个相互作用的粒子，例如两个电子、一个电子和一个光子，或者一个电子和一个原子核，那情况又会如何呢？由于它们彼此之间有相互作用，因此我们不能把它们分开处理，也不能分别用三维中的一个概率波来描述它们。事实上，我们不难猜测在量子物理学中如何描述一个由两个相互作用的粒子组成的系统。我们必须下一层楼，暂时回到经典物理学。在任何时刻，两个质点在空间中的位置要用六个数来描述，每个质点需要三个数。两个质点的所有可能位置构成了一个六维连续体，而不是在一个质点情况下的一个三维连续体。如果我们现在再上一层楼，进入量子物理学，我们就会有在一个六维连续体中的一些概率波，而不是像一个粒子情况下在一个三维连续体中的概率波。类似地，对于三个、四个和更多的粒子，此时的概率波将是九维、十二维和更多维连续体中的函数。

这一情况清楚地表明，概率波比在我们的三维空间中存在和传播的电磁场和引力场更抽象。多维连续体构成了概率波的背景，只有在一个粒子的情况下，它的连续体的维数才等于物理空间的维数。概率波的唯一物理意义在于，它使我们在多个粒子的情况下，也能和在一个粒子的情况下那样，回答一些合理的统计问题。因此，举例来说，对于一个电子，我们可以问在某个特定的点出现该电子的概率。对于两个粒子，我们的问题可以是：在一个给定的时刻，两个粒子在两个确定的点出现的概率是多少？

我们离开经典物理学的第一步，是不再将个别情况作为时空中的客观事件来加以描述。我们被迫应用概率波提供的统计方法。一旦选择了这种方式，我们就不得不更进一步地走向抽象之路。必须引入与多粒子问题相应的多维中的概率波。

为了简单起见，让我们把量子物理学以外的其他物理学都称为经典物理学。经典物理学和量子物理学有着根本的不同。经典物理学旨在描述存在于空间中的物体，并阐明支配它们随时间变化的那些规律。但是显示出物质和辐射的波粒二象性，以及诸如放射性衰变、衍射、谱线发射等这些基本事件的明显统计特征的那些现象，迫使我们放弃了这一观点。量子物理学的目标不是要描述空间中的单个物体及其随时间的变化。在量子物理学中没有这样的说法："这个物体是如此这般的，并且具有如此这般的性质。"取而代之的是，我们有这样的说法："个别物体有如此这般的概率使得它是如此这般的，并且具有如此这般的性质。"任何支配单个物体随时间变化的定律在量子物理学中都找不到立足之地。相反，我们有支配概率随时间变化的定律。只有由量子理论在物理学中引入了这一根本变化，才使我们有可能在物质和辐射的基本量子显示其存在的现象领域中，对事件的明显不连续性和统计特征作出充分的解释。

然而，新的、更困难的问题还在不断地涌现出来，这些问题至今尚未得到明确解决。下面我们将只提及其中的几个。科学不是一本已收笔之书，而且也永远不会是。每一个重要的进展都会带来新的问题。从长远来看，每一项发展都会揭示出一些新的、更深层次的难题。

我们已经知道，在一个或多个粒子的简单情况下，我们可以从经典描述上升到量子描述，从对时空中的事件的客观描述上升到概率波。但我们还记得经典物理学中那个极为重要的场概念。我们如何能描述出物质的基本量子和场之间的相互作用？如果对十个粒子的量子描述需要一个三十维的概率波，那么对一个场进行量子描述就会需要一个无限维的概率波。从经典场概念到量子物理学中相应的概率波问题的转变是非常艰难的一步。在这里再上一层楼不是一件容易的事，而人们不得不认为，迄今为止为解决这个问题所作的所有努力都不能令人满意。还有另一个基本问题。在我们关于从经典物理学到量子物理学的转变的所有论证中，我们都使用了旧的、相对论出现之前的描述，在其中空间和时间是被区别对待的。然而，如果我们试图从相对论提出的经典描述开始，那么由此上升到对量子问题的探索似乎会复杂得多。这是现代物理学所要着手解决的另一个问题，但还远没有一个完整的、令人满意的解答。对于构成原子核的那些重粒子，要形成一种一致的物理机制还有一个更大的困难[1]。尽管有许多实验数据和许多试图阐明核问题的努力，但我们仍然对这一领域中一些最基本的问题一无所知。

毫无疑问，量子物理学解释了大量各种各样的事实，在很大程度上实现了理论与观测之间的辉煌一致。新的量子物理学使我们离开旧的机械观更远了。退却到以前的立场似乎比以往任何时候都更不可能了。但量子物理学仍然必须基于物质和场这两个概念，这也是毫无疑问的。从这个意义上说，这是一种二元理论，它并没有使我们的那个将一切归为场概念的老问题更接近于实现，哪怕只接近一步。

进一步的发展将是沿着量子物理学所选择的路线，还是更可能将一些新的、具有变革性的思想引入到物理学之中？前进的道路上是否会像过去那样，再次风云突变？

在过去的几年里，量子物理学的所有难题都集中在几个要点周围。物理学急切地等待着它们的解决。但我们却无法预见这些难题会在何时、会在何地得到彻底破解。

---

[1]可参见《寻觅基元——探索物质的终极结构》，赫拉德·特霍夫特（Gerard 't Hooft）著，冯承天译，上海科技教育出版社，2002年。——译注

物理学与现实

这里用一个只代表那些最基本思想的大致框架来指明了物理学的发展，从这一发展中可以得出哪些一般性的结论呢？

科学不只是把一系列的定律汇集在一起，也不是把互不相关的一连串事实编成一张目录。它是人类思想的一件创造物，拥有其自由创造的各种思想和各种概念。物理理论设法对现实形成一幅图像，并建立起它与感官印象中的广阔世界之间的联系。因此，我们的思维结构的唯一合理性就在于，我们的各种理论是否形成了这样一种联系，以及以何种方式形成了这样一种联系。

我们已经看到了由物理学进步所创造的那些新现实。但是这条创造链可以远远追溯到物理学起始之前。最原始的概念之一是物体这一概念。一棵树、一匹马、任何物体的概念都是在经验的基础上创造出来的，尽管与物理现象的世界相比，产生这些概念的印象是原始的。捉弄老鼠的猫，也通过思维创造了它自己的原始现实。猫对它遇到的任何一只老鼠都作出了类似的反应，这一事实表明它形成了一些概念和一些理论，这些概念和理论就是它在自己的感官印象世界中的向导。

"三棵树"和"两棵树"有所不同。"两棵树"又不同于"两块石头"。纯数 2,3,4,⋯ 的概念,从产生它们的对象中脱离出来,是思想的创造,它们描述了我们世界的现实。

对时间的主观心理感受使我们能够将印象排序,即表明一件事先于另一件事。但是,利用钟来把时间的每一个瞬间都与一个数联系起来,即把时间看作一个一维连续体,这已经是一项发明了。欧氏几何和非欧几何的概念也是如此,而我们的空间被理解为一个三维连续体。

物理学真正始于质量、力和惯性系统的发明。这些概念都是自由发明。它们导致了机械观的形成。对于 19 世纪初的物理学家来说,我们外部世界的现实是由粒子组成的,而作用在粒子之间的是一些仅取决于距离的简单的力。当时的物理学家试图尽可能长时间地保持这样的信念,使得他能成功地用对现实的这些基本概念来解释自然界中的所有事件。与磁针偏转有关的困惑,与以太结构有关的困惑,诱导我们去创造了一个更微妙的现实。电磁场这一重要发明出现了。人们需要一种有胆识的科学想象力才能充分认识到:要组织和理解各种事件,可能必要的不是物体的行为,而是物体之间某种东西的行为,这种东西就是场。

后来的发展既摧毁了旧观念，也创造了新观念。相对论抛弃了绝对时间和惯性坐标系。所有事件的背景不再是一维时间和三维空间连续体，而是具有新变换性质的四维时空连续体，这是另一项自由发明。惯性坐标系不再需要了。对于描述自然界中的事件，每个坐标系都是同样适用的。

量子理论再次为我们的现实创造出了一些新的、本质上的特征。不连续取代了连续。概率定律出现了，它们取代了那些支配个体的定律。

事实上，现代物理学创造的现实与早期的现实相去甚远。但每一种物理理论的目标仍然是同一的。

借助于物理理论，我们试图在观察到的事实所构成的迷宫中找到自己的出路，以组织和理解我们的感官印象世界。我们希望观察到的事实可以由我们对现实的概念在逻辑上推断出来。如果不相信我们的理论建构能够把握现实，如果不相信我们的世界的内在和谐，那就不会有科学。这一信念是一切科学创造的根本动力，并将永远如此。贯穿在我们所有的努力中，在新旧观点之间的每一次激动人心的斗争中，我们都看到了人们对认识世界的永恒渴望，对世界和谐一致的坚定信念，而这种渴望和信念也会随着理解所遇到的障碍的不断增加而不

　　　　　　　　　　物理学的进化

断地加强。

我们来总结一下：

原子现象领域中丰富多样的事实再次迫使我们发明一些新的物理概念。物质具有颗粒状结构，它是由基本粒子组成的，而这些基本粒子是物质的基本量子。因此，电荷具有颗粒结构，而且从量子理论的观点来看，最重要的是，电荷也具有能量。光子是构成光的能量量子。

光是一列波还是光子的一束簇射？电子束是基本粒子的一束簇射还是一列波？这些基本问题是实验强加给物理学的。在寻求答案的过程中，我们不得不放弃将原子事件描述为空间和时间中发生的事件，我们必须进一步放弃旧的机械论观点。量子物理学所制定的那些定律支配的是群体而不是个体。其中所描述的不是属性，而是概率，所制定的不是揭示系统未来的定律，而是支配概率随时间变化的定律，以及与由个体组成的大集合体有关的定律。

索引

物理学的进化